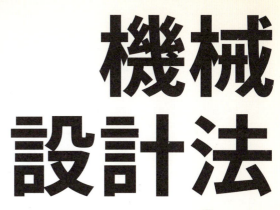

機械
設計法

[第**4**版]

塚田 忠夫・吉村 靖夫
黒崎　茂・柳下 福蔵

共著

森北出版

●本書の補足情報・正誤表を公開する場合があります．当社 Web サイト（下記）
で本書を検索し，書籍ページをご確認ください．

https://www.morikita.co.jp/

●本書の内容に関するご質問は下記のメールアドレスまでお願いします．なお，
電話でのご質問には応じかねますので，あらかじめご了承ください．

editor@morikita.co.jp

●本書により得られた情報の使用から生じるいかなる損害についても，当社および本書の著者は責任を負わないものとします．

JCOPY 〈（一社）出版者著作権管理機構 委託出版物〉
本書の無断複製は，著作権法上での例外を除き禁じられています．複製される
場合は，そのつど事前に上記機構（電話 03-5244-5088，FAX 03-5244-5089，
e-mail: info@jcopy.or.jp）の許諾を得てください．

はじめに

　機械設計は，人間の生活・地球環境に寄与するシステムを創造し，機械力学・熱力学・流体力学・材料力学などの各種力学，材料学，加工学，制御工学，電気・電子工学，情報工学などの工学分野に加えて，法令などの他の分野の知識，長年培ってきた先人達の知恵などを総合する作業である．

　機械・器具に活かされてきた先人達の工夫や知恵は，有用なものだけがわれわれに伝えられてきた．有用とされてきた先人達の工夫や知恵を分析すると，理にかなっていたり，最適な条件であったりするものが多い．これらの中には，工学的に解析できず，経験則や経験値などと称して用いられるものもあるが，決して軽くみてはならない．**経験則**や**経験値**は，貴重で重要な人類の財産であると認識したい．

　珍しい風景であるが，手動ドアの前でしばし立ったままでいる人の姿を見かけることがある．利便性の高い生活に慣れて自動ドアが当たり前になってしまうと，手動ドアの前では何をしていいのか，一瞬頭の中が真っ白になる．CAD や CAE などのシステムが高度化した今日，さまざまなシミュレーションが容易にできるようになった．しかし，利便性の高い環境にあまえることなく，どのような原理が使われ，対象とする機械・器具がどのような使われ方をし，どの程度の性能が発揮できるのかを確認し，適切であるかどうかを判断しながらシステムを運用したい．そのためには，機械設計に対する理解を深めておくことが必要である．まずは，身の周りにある機械・器具の目的を理解し，原理や機構に「**なぜ，何故**」と興味をもちたくなる仕掛けが必要であろう．

　機械設計でもっとも重要な基本は，機械に共通して利用される機械要素の名称と機能，使われ方を知ることである．転がり軸受やボルトなどの機械要素は，設計して製作することはほとんどないが，使用目的にもっとも適した機械要素を選択できる力が設計者に要求されるからである．

　これからの機械の高度化とグローバリゼーションを考えると，部品・ユニットの国際調達やメンテナンスも重要な配慮事項となる．これらに対応するために，国際的なルールになっている**寸法公差・幾何公差・表面性状**などの知識を身に付けたい．

　計算結果は，歯車などの寸法を除いて有効数字は 3 桁もあれば十分であるので，

途中計算では有効数字は 3 桁ないしは 4 桁とした．有効数字の桁数と四捨五入の
しかたによって，計算結果にわずかな差が生じることがあるが，こだわらないこと
にしたい．また，基本として計算式を伴った計算には単位を付さないが，機械工学
では接頭語（k：キロや M：メガなど）が多く用いられるので，混乱を招かないよ
うに［kW］，［mm］などのように単位を大括弧で囲んで表した．なお，機械工学
の分野での慣習に従って，解では，長さ寸法には mm（ JIS Z 8317-1 ），時間には
min の単位を用いた．

　第 4 版では，原則として，改訂版までに発効された新しい規格を導入するよう
に配慮した．
　第 3 章では，寸法公差に関する次の新規格が関係する．
　・ JIS B 0401-1, -2 ：2016 GPS—長さに関わるサイズ公差の ISO コード方式
　・ JIS B 0420-1 ：2016 GPS—寸法の公差表示方式
　旧規格（1998 年発効）での用語「寸法」「寸法公差」などが，新規格では「サ
イズ」「サイズ公差」に変更された．

　本来，「サイズ」は 3 次元物体の大きさを表す用語である．たとえば，「A4，
64 g/m^2 サイズのコピー用紙」は，縦 297 mm，横 210 mm，単位面積あたりの
質量 64 g/m^2 となる厚さを表している（省略もある）．必要があれば個々に公差を
与えることができる．一方，3 次元物体を意味する「A4 サイズ」には，公差を与
えようがない．「サイズ公差」などは，使い方がわからない不思議な用語といえる．

　以上に加えて，先輩達とのコミュニケーションを円滑にするためにも，旧規格の
用語を用いることが適切であると著者らは判断した．学習の際には注意されたい．

2024 年 9 月

塚田 忠夫

＊　塚田忠夫ほか，設計工学会誌，**54**, 12 (2019) 823

目　次

chapter 1　機械設計の基本

1.1　機械の定義	1
1.2　機械要素	2
1.3　機械設計	4
1.4　機械設計の手順	5
1.5　設計支援技術	10
1.6　機械の寿命	11
1.7　安全・安心・環境に配慮した設計	12
1.8　エネルギーと動力	14
演習問題	17

chapter 2　材料の強度と剛性

2.1　部材に作用する力	18
2.2　材料の機械的性質	19
2.3　曲げを受ける部材の応力と変形	22
2.4　ねじりを受ける部材の応力と変形	26
2.5　部材の破壊の原因	28
2.6　強度設計	34
演習問題	35

chapter 3　機械の精度

3.1　計測における不確かさ	37
3.2　部品の精度とコスト	39
3.3　寸法公差とはめあい	39
3.4　幾何公差	46
3.5　表面性状	56
3.6　精度鈍感設計	60
演習問題	63

chapter 4　ね　じ

4.1　ねじの基本	65
4.2　一般用メートルねじ	66
4.3　その他のねじ	67
4.4　ねじの力学	70
4.5　一般用メートルねじのおねじの太さとはめあい長さ	74
4.6　ねじ部品	79
4.7　ねじの緩み止め	81
演習問題	82

chapter 5　軸・軸継手

5.1　軸の種類	84
5.2　軸の設計	84
5.3　キー	90
5.4　スプライン・セレーション	93
5.5　軸継手	95
5.6　回転駆動要素	98
演習問題	99

chapter 6　軸　受

6.1　軸受の種類	101
6.2　転がり軸受	102
6.3　転がり軸受の使い方	110
6.4　特殊な軸受	113
6.5　滑り軸受	113
演習問題	117

chapter 7　歯　車

7.1　歯車伝動の特徴	119
7.2　歯車の種類	119

目　次　iii

7.3	インボリュート平歯車		121
7.4	転位歯車		128
7.5	静かな歯車の工夫		128
7.6	平歯車の強度		129
7.7	高い減速比の歯車装置		138
	演習問題		144

chapter 8 ベルト・チェーン

8.1	ベルト伝動	146
8.2	細幅Vベルト伝動	146
8.3	歯付ベルト伝動	154
8.4	平ベルト伝動	158
8.5	チェーン伝動	161
8.6	機械式無段変速装置	167
	演習問題	168

chapter 9 クラッチ・ブレーキ・つめ車

9.1	クラッチ	169
9.2	かみあいクラッチ	169
9.3	摩擦クラッチ	169
9.4	その他のクラッチ	172
9.5	摩擦ブレーキ	174
9.6	回生ブレーキ	178
9.7	つめ車	178
	演習問題	179

chapter 10 リンク・カム

10.1	リンク機構	180
10.2	4節リンク機構	181
10.3	滑り対偶をもつ 4節リンク機構	183

10.4	平行・直線運動する リンク機構	184
10.5	倍力装置	186
10.6	カム機構	186
10.7	間欠運動機構	190
	演習問題	190

chapter 11 ば　　ね

11.1	ばねの種類	192
11.2	ばね定数	192
11.3	トーションバー	194
11.4	引張・圧縮コイルばね	194
11.5	ねじりコイルばね	198
11.6	渦巻ばね	199
11.7	重ね板ばね	199
11.8	竹の子ばね	201
11.9	皿ばね	201
11.10	空気ばね	201
	演習問題	201

chapter 12 管・管継手・弁

12.1	管の選択	203
12.2	管継手	206
12.3	弁の種類	209
12.4	管路	210
	演習問題	211

演習問題解答	212
参考文献	226
索　引	229

chapter 1 機械設計の基本

キーワード
- ●機械 ●機械要素 ●信頼性設計
- ●仕事 ●エネルギー ●摩擦

機械の設計では，安全性，強度，精度，材料，加工，寿命，コスト，知的所有権など，多くの事項を検討しなければならない．この検討には，機械工学の基礎のみならず，数学，物理学，電気・電子工学，情報工学，法令などについての知識も必要である．このようなことから，機械設計は**創造**し，多くの分野を**総合**する作業であるといわれる．
（creation）
（synthesis）

1.1 機械の定義

日常，**機械**（machine）という言葉がよく使われる．しかし，改めて「機械とは」と問われると説明に窮するであろう．「金属でできていて，硬くて大きな力が出せるもの」という答えや「いつも同じ動きをし，仕事をするもの」といった説明もあるであろう．

入力と出力の観点からの機械の定義は，**表 1.1** のようになる．古くは，内燃機関や工作機械，ポンプなどを機械とし，情報に関する項は含まれていなかった．しかし近年，**情報**（information）をものと同等に考えるようになって，表の条件を満たすものが機械と定義されるようになった．

▶ 表 1.1 「機械」の定義

① 複数の部品から構成され，
② 入力されたエネルギーや物質，情報を変換したり伝達したりして，異なった形のエネルギーや物質，情報にして出力するもので，
③ 人間が必要とするはたらきをするものである．

コンピュータは計算機とも表現される機械であり，必要とするデータが入力情報，コンピュータを動かす電気エネルギーが入力エネルギーであり，処理されたディジタルデータが出力情報になる．**図 1.1** のサーボモータによるテーブル駆動では，スケールによって検出されたテーブルの位置情報と目標値のデータを比較しながら，テーブルを目標位置に動かす．この場合，目標位置の情報が入力情報，サーボモータを駆動する電気エネルギーが入力エネルギー，テーブルの動きが出力

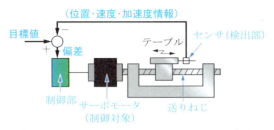

▶ 図 1.1　「機械」の例（サーボ制御のテーブル）

になる．

橋やノギスは機械であろうか．橋は動かないし，ノギスはエネルギーや情報を変換したり伝達したりしていない．したがって，表 1.1 の条件に当てはまらないので，機械とはいわない．橋は**構造物**，ノギスは**器具・道具**とよばれる．
structure　　　　　instrument tool

1.2　機械要素
1.2.1　機械要素

機械要素とは，さまざまな機械に共通して使われる部品（ねじ，歯車，軸，ばねなど）や部品の集まり（転がり軸受，弁など）をいう．機械要素は，使用目的に応じて，表 1.2 のように**締結要素**，**伝達要素**，**案内要素**，**エネルギー吸収要素**，**流体伝動要素**などに分類される．
machine element

▶ 表 1.2　機械要素の目的別分類

締結要素	部品どうしを締め付ける要素	🔩	ねじ，キーなど
伝達要素	運動・力・情報を伝える要素	🔩	軸，歯車，ベルトなど
案内要素	動く部品の拘束や案内をする要素	⚙	軸受，リニアガイドなど
エネルギー吸収要素	減速したり停止させる要素	〰	ばね，ブレーキなど
流体伝動要素	流体を導いたり制御する要素	▯	管，管継手，バルブなど

1.2.2 標準化

機械要素は広く大量に使われるので，ISO（国際標準化機構）や JIS（日本産業規格）で標準化されている❶．図 1.2 に示す標準化によるメリットは，次のようにまとめられる[1]．

1 国際的に標準化されているものが多く，国際的に調達することが可能である
2 大量生産されているので，安価である
3 互換性があるので，どこでもメンテナンス（保守・点検・管理）がしやすい
4 品質が一様な部品が入手しやすい
5 目的に合う性能のものを選ぶことができる

国家規格として，JIS のほかに，ANSI（アメリカ合衆国），BS（イギリス），DIN（ドイツ），GB（中国）などがある❷．

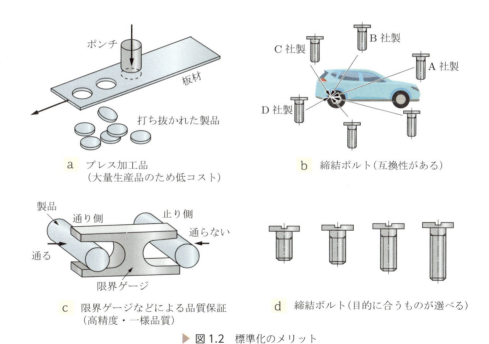

a プレス加工品（大量生産品のため低コスト）
b 締結ボルト（互換性がある）
c 限界ゲージなどによる品質保証（高精度・一様品質）
d 締結ボルト（目的に合うものが選べる）

▶ 図 1.2 標準化のメリット

---

❶ ISO：International Organization for Standardization, JIS：Japanese Industrial Standards
❷ ANSI：American National Standards Institute, BS：British Standards, DIN：Deutsche Industrie Normen, GB：Guojia Biaozhun

1.2.3 標準数

たとえば，軸部品などに使われる鋼の棒材は，個々の設計で必要な直径寸法に合わせようとすると膨大な数のサイズを準備しなければならない．そのために，大量の在庫を抱えるか，注文を受けてから製造するかなどとなって，コスト高になったり調達の効率が悪くなったりするおそれがある．そのために，サイズが大きくなるにつれて粗くなる**標準数**(preferred numbers)にのっとってサイズの種類を減らしている．規格[2]に定める標準数は，公比を $\sqrt[5]{10}$，$\sqrt[10]{10}$，$\sqrt[20]{10}$，…とする等比数列であり，各公比の数列を R5，R10，R20，…のように表す．標準数を**表 1.3** に示す．

▶ 表 1.3　標準数の例（JIS Z 8601 より抜粋）

R5	1.00		1.60		2.50		4.00		6.30	
R10	1.00	1.25	1.60	2.00	2.50	3.15	4.00	5.00	6.30	8.00

1.3 機械設計

機械設計(machine design)とは，設計する機械に要求される事項をまとめ（仕様の決定という），機械の構造，機構，形状，材料，強度，精度，加工などを検討し，**設計解**（仕様を満たす最適な設計情報）を得ることである．設計解は，図面や設計書にまとめられ，資材調達部門，加工・検査・組立部門，顧客など，必要部署に伝えられる．

機械設計には，要求に対する設計者の理解力・総合力・独創性などが強く要求される．それに応えるには，**図 1.3** のように，機構学，材料力学・熱力学・機械力学，加工学，材料学などの機械工学全般の知識に加えて，電気・電子工学，情報工

▶ 図 1.3　機械設計の概念

学などの分野の知識ももっておく必要がある．さらに，重量物や高圧容器などが関係する設計では，関連する法令の知識も必要になる．

　先人達が積み重ねてきた経験や知恵は，**経験則**，**経験値**などとしてしばしば利用されるが，理にかなったものが多い．機械設計では，図 1.3 の諸分野の知識のほかに，先人達から伝承された経験や知恵が利用される．このようなことから，機械設計は**総合する技術**とよばれる．

1.4 機械設計の手順

　一般的な機械設計は，図 1.4 のように進められる．各ステップでの作業は次のようになる．

1.4.1 仕様の決定

a 要求事項　設計の基本的な要求事項は，使用目的，性能（目的が達成される度合い），駆動方法，大きさ，質量，コストなどである．たとえば，図 1.5 のように，要求事項が「高さ 15 m の水槽に毎分 0.2 m³ の水を揚げる渦巻ポンプ」の場合，設計者は要求事項をもとにポンプの能力，駆動方式，寸法，質量，分解・組立手順，運搬方法などの基本事項を検討する．

b 仕様の決定　基本事項を決めてからは，機械の機構や構造などの構想に進み，設計条件に整理する．この設計条件を**仕様**（design specification）という．設計で重要なことは，既存の技術だけではなく，設計者の創造性を盛り込もうとする意欲である．

▶ 図 1.4　機械設計の手順　　　　▶ 図 1.5　要求事項の検討

1.4　機械設計の手順　　5

1.4.2 総合

　仕様に基づいて機械の構造や機構，機械要素の組合せを工夫する．その際，部品が正しく機能するか，組立・分解・調整・メンテナンスに不具合がないかを組立図などで検討する．もし不具合があれば，部品の配置や形状を変更したり，仕様の修正を行う．この変更・修正での図面を**計画図**という．
scheme drawing

　「総合」のステップでは，**よい設計**を意識する．よい設計とは，以下のようなものである．

機械の基本に関わることがら：

1　安全・安心に対応した設計である
2　環境に悪影響する材料を用いていない
3　効率がよく，省エネルギーで維持費が安い
4　操作しやすい
5　デザインや色彩が洗練されている

機械の構造に関わることがら：

6　耐久性があり，寿命が長い
7　軽量・小型で，据え付け面積が小さい
8　部品点数が少ない

加工・組立・メンテナンスに関わることがら：

9　加工しやすい材料を用い，利用できる加工方法になっている
10　組立・調整・メンテナンスが容易である
11　互換性のある部品を用いている

これらすべてを満たす設計は難しい．したがって，機械の目的や使用環境に応じた重要度の高い項目を洗い出し，それに対応して設計することが望ましい．

　図1.5の渦巻ポンプの設計では，よい設計を念頭において，次のようなことがらを検討する．

・**駆動源**：汎用の三相モータ，単相モータなど
・**駆動源の性能**：動力，回転速度など
・**運動・動力の伝達方法**：ベルト，チェーン，カプリングなど
・**負荷の種類**：静荷重，繰返し荷重など
・**機構**：軸受やシールなど
・**強度・剛性・寿命**：材料，安全率，許容応力，危険速度など
・**環境**：腐食，騒音，振動など

- **分解・組立・運搬**：運搬容易な容積と質量，精度の再現性，調整など
- **メンテナンス**：締結方法，部品の配置など

1.4.3 解析

次のような検討を行い，不都合があったら「総合」のステップへ戻って再検討する．

a 材料の選定 強い，軽い，加工しやすい，安価で入手しやすい，機械を廃棄したときにリサイクルできることなどが望ましい材料の条件である．しかし，すべてを満たす材料を得るのは難しいので，重視する項目を定めて材料を選ぶ．最近は，軽くて強く，耐摩耗性に優れた高分子材料などが多く用いられている．

b 形状・寸法の決定 「総合」のステップで検討された結果に沿って，部品の形状や寸法を決める．このプロセスでは，先人達の知恵や経験も利用するが，材料の許容応力や縦弾性係数，横弾性係数などからシミュレーションや実験によって強度や剛性，振動などをチェックし，十分に安全であるかどうかを確かめる．

c 加工の検討 部品は可能な限り加工しやすい形状や寸法にする．たとえば，図 1.6 a のように加工が難しい部品は，図 b のように設計変更する．機能上複雑な形状にしなければならない場合は，専用の工具・治具・取付具などを検討して部品を設計する．さらに，必要に応じて，部品の精度検査（寸法や形状，表面性状の測定と合否の判定）の方法や機械の性能検査の方法なども検討する．

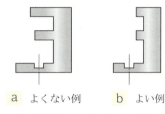

a よくない例　　b よい例

▶ 図 1.6　加工しやすい設計

寸法や形状，表面性状などに高い精度が要求される部品の加工は，工程設計（process planning）に基づいて行う．工程設計とは，材料・幾何公差・寸法公差・表面性状などの設計情報に基づいて，適切な加工法・加工機械・治具・取付具・工具の選択や設計を行うとともに，作業手順・加工条件・制御データの作成などを行うことをいう．

d 部品の工夫 リードタイム（lead time）短縮の要求が高まっている今日，機械の性能を損なわないで組立・分解を容易にする部品の設計や加工の能率化が求められる．リードタイムとは，製造開始から完成までの時間をいう．除去加工（旋盤やフライス盤などで切りくずを出す加工）される部品を例にすると，次のようになる．

図 1.7 は，二つの加工面に段差がある場合，同一の平面にすれば工数を減らすことができる例である．工数とは，一人の作業者や 1 台の機械が作業をこなす時間を

いう．

　図 1.8 の鋭い隅は，加工が難しいだけではなく，後述する応力集中が発生する．そのために，図のように丸みのある**逃げ**を付ける．

　同じ方向の 2 平面を同時に接触させる図 1.9 a の設計では，2 平面間に非常に高い精度が要求される．これに対して，図 b のように 1 平面の接触にすると，2 平面間の高精度化は必要とされなくなる．

　図 1.10 は，転がり軸受を取り付ける段付き軸やハウジングの隅アール R を軸受の角のアール r_a より小さくして，正常な組立が行えるようにした例である．

　ボルトを締め付けると，図 1.11 a のように締め付けられる部品の表面が弾性変形して盛り上がり，均一な接触の締め付けができなくなる．そのために，図 b は穴の端面の**ばり**取り用の面取りを少し大きくして逃げにし，図 c はざぐり加工を施して変形の影響を少なくした例である．

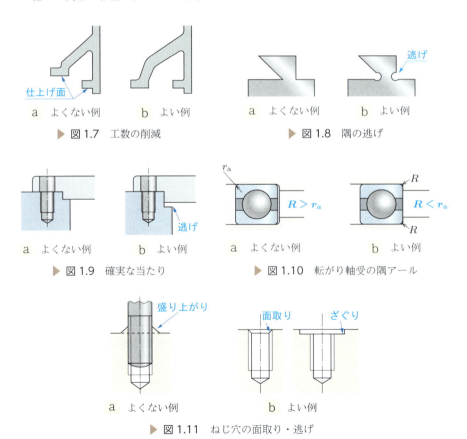

▶ 図 1.7　工数の削減

▶ 図 1.8　隅の逃げ

▶ 図 1.9　確実な当たり

▶ 図 1.10　転がり軸受の隅アール

▶ 図 1.11　ねじ穴の面取り・逃げ

1.4.4 評価・最適化

機械の強度，剛性，位置決め，振動・騒音特性，機械の制御特性などを実験したり，コンピュータによるシミュレーションによって確かめて，仕様を満たしているかどうかを判断する．この作業を評価という．仕様を満たさなかったり不都合な現象が見つかった場合は，「解析」や「総合」のステップ，場合によっては**仕様の決定**のステップに戻って作業をやり直す．この作業を**最適化**という．
optimization

1.4.5 設計解と図面

「評価・最適化」のステップで問題がないと判断された設計結果を設計解という．設計解は設計書や図面にまとめられ，必要とするところへ伝えられる．図面は**CAD**（コンピュータ援用設計）によって描くと見栄えがよく，設計情報の管理も
computer aided design
容易になる．

設計者が考えている機械は 3 次元物体である．これを平面上に描かれた図面によって伝えるためには，国際的に共通な製図の約束事（**製図則**という）を守らなけ
drawing rule
ればならない．部品や機械製造の国際分業化が進む現代，言語や文化・習慣が違う国々に正確に設計情報を伝えるもっとも重要な要件は，**図面の解釈の一義性**である．一義性とは，図面に表された情報に二つ以上の異なった解釈が成り立たないことをいう．

図面の解釈の一義性に立脚した規格が，ISO をもととして各国で制定されている．基本的なことがらは次のようになる．

a 投影法　日本の機械工学の分野（JIS B 0001）など）では，**図 1.12 d** に示す第三角
third angle projection
法が用いられている[3]．第三角法は，見える形を手前の平面に写し取って図面にする方法である．一方，欧米の機械工学の分野や日本の建築関連分野では，図 **c** のような**第一角法**が用いられている．これは，見える形を奥の平面に写し取って図面
first angle projection
にする方法である．

第一角法の図面を間違えて第三角法と解釈して部品を製造すると，設計者の意図したものと異なった部品ができあがることがある．そのために，図面の表題欄に**第三角法**と表示するか，図 **b** に示す記号によって投影法を明示する．

b 尺度　実際の大きさに対する拡大・縮小の大きさの比をいう．

c 線　外形を表す線，中心線を表す線など，用途別に線の種類が規定されている．

d 図形の表し方　正面図，補助投影図，簡略図などに加えて，全断面図，部分断面図などが規定されている．

1.4　機械設計の手順　　9

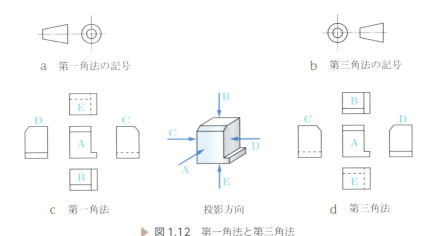

▶ 図 1.12　第一角法と第三角法

e **寸法**　寸法の単位，寸法線，寸法補助線，寸法の記入方法のほかに，直径や半径などを表す寸法補助記号が定められている．

f **寸法公差・幾何公差**　寸法に許容される寸法公差の指示，幾何学的な形や位置，姿勢を規制する幾何公差を表す図示記号が規定されている．ほかに，個々に公差指示がされない普通公差も表題欄やその傍(かたわ)らに記載する．

g **表面性状**　加工された部品表面の微細な凹凸やすじ目，きずなどを表面性状という．表面性状は図示記号によって指示する．

1.5　設計支援技術

コンピュータを利用した各種支援技術が，広く利用されている．図 1.13 は，CAD の概念である．対象とする機械の形状や寸法を入力し，過去の設計データが必要であれば，データベースから呼び出す．設計された機械が，仕様を満たしているかどうか，部品の干渉・強度や剛性・振動・寿命は十分かなどをシミュレーションや **CAE** (computer aided engineering) によって確認する．

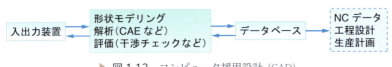

▶ 図 1.13　コンピュータ援用設計（CAD）

> **POINT** 機械や部品を 3 次元情報として処理する 3 次元 CAD が使われるようになってきたので，いろいろな方向から見た 3 次元物体の形を描くことができるようになった．これは，**3D 製図**[4]といわれるもので，機械の構造や仕組みがわかりやすくなる．そのために，顧客へのプレゼンテーションや教育，組立・分解の手順説明などへの有効な手段になる．なお，CAD 関連の詳細については CAD 製図などの授業にゆだねたい．

● 1.6　機械の寿命

　時間が経つと機械は故障する．ある時間経ったときに正常なはたらきをしている構成部品（その数を**残存数**という）が，次の単位時間（たとえば，1 時間）で故障するであろう確率を**故障率**（failure rate）という．機械を使用した時間と故障率の関係は**図 1.14**のようになり，これを**故障率曲線**という[5]．図の曲線はバスタブのような形をしているので，**バスタブ曲線**（bathtub curve）ともよばれる．

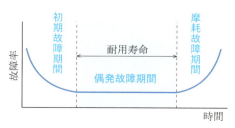

▶ 図 1.14　故障率曲線（バスタブ曲線）

a　初期故障期間　機械の使用初期では故障率は高いが，時間とともに減少する．これを**初期故障期間**（early failure period）とよぶ．初期故障期間は，設計や製造上のミス，滑り面や転がり面のなじみ不足などに起因して故障が発生する期間である．この故障を減らすために，あらかじめならし運転や環境負荷試験などを行う．

b　偶発故障期間　ある時間が経過すると，故障率が低くなる．これを**偶発故障期間**（random failure period）とよぶ．偶発故障期間では，設計時に予測できなかった環境の変化や操作ミスなどによる偶発的な故障がなければ，故障率は非常に低くなる．偶発故障期間は機械が安定して稼働するので，**耐用寿命**（useful life）ともよばれる．

c　摩耗故障期間　偶発故障期間が過ぎると，長期の使用による摩耗や材料の劣化などによって故障が多発する．この期間は**摩耗故障期間**（wear-out failure period）とよばれ，機械の耐用寿命の終了とみなされる．

• 1.7 安全・安心・環境に配慮した設計

1.7.1 信頼性設計

JIS Z 8115 に，**信頼性**とは「アイテムが与えられた条件で規定の期間中，要求された機能を果たす性質」であり，**信頼度**とは「アイテムが与えられた条件で規定の期間中，要求された機能を果たす確率」と定義されている[6]．**アイテム**とはシステム・機器・ユニット・部品・素子などをいい，**機能**とは要求事項に沿った機械のはたらきをいう．いいかえれば，信頼性とは，機械がその仕様に従って通常の使われ方をしていれば，要求された期間あるいは約束した期間ではその機能を損なわないことをいい，信頼度とは，ある割合で信頼性を保証することをいう[5]．信頼度を考慮した設計を**信頼性設計**という．

信頼性設計で重要な設計手段は，**フェールセーフ設計**，**フールプルーフ設計**，**冗長性設計**である．これらは「完全に安全な機械は存在しない」という前提で，故障をなくすのではなく，故障を少なくして信頼度を高めようとする設計手法である．

a フェールセーフ設計 「故障は必ず起こる」と考え，損害を最小限に食い止める予防的な措置を講じた設計を**フェールセーフ設計**という．

たとえば，電気のヒューズやブレーカは，過大電流を遮断してモータなどの機器の火災や事故を防ぐ．ボイラの安全弁は，過大な圧力が発生すると蒸気を逃がし，一定の圧力以上にならないようにしてボイラの破損を防ぐ．

破損による被害が大きい場合や人命にかかわる場合には，必ず配慮しなければならない設計手法である．

b フールプルーフ設計 「人間は必ずミスを犯す」と考え，人間が誤って操作したときは機械が動かないようにする設計を**フールプルーフ設計**という．

たとえば，プレス機械の作業空間に誤って人の手が入ると大事故になるおそれがある．そのために，作業空間内に人間の手が入ったときは，センサで検知して機械が作動しないようにする．オートマチックの自動車では，急発進などの事故を防ぐために，シフトレバーが「P」（駐車）の位置にないとエンジンが始動しないようにしている．

c 冗長性設計 機械は多数の部品から構成されているので，一つの部品に不具合が生じると機械全体が動かなくなることがある．そのために，予備の部品やユニットを装備し，不具合が生じたときに予備のものに切り替えて機械が運転し続けられるようにする．このような設計を**冗長性設計**という．

たとえば，双発エンジンの飛行機では1台のエンジンが故障してもほかのエンジ

12 ● Chapter1 機械設計の基本

ンで運行できるようにし，病院では停電になっても患者の治療が続けられるように，予備の発電機を備えていて電力の供給を続ける．

冗長性設計は予備の要素が増えてコストが高くなったりメンテナンス費用がかさむので，偶発的な事故が重大な損害をもたらす場合に導入する．

1.7.2 安全性に配慮した設計

フェールセーフ設計，フールプルーフ設計，冗長性設計は，安全性を高めるために必要な設計である．安全性を考えた設計では，これらに加えて**危険の隔離，警告の発信**にも配慮する．危険の隔離とは，たとえば運転中のロボットの安全防護領域に人間が入れないように防護柵を設けることをいい，警告の発信とは，たとえば機械が危険な状態にあるときは，赤色ランプを点滅させたり，ブザーなどによって警告音を発したりすることをいう．

1.7.3 ユニバーサルデザイン

すべての人のために使いやすい設備や機器を設計することを<u>ユニバーサルデザイン</u>という．たとえば，乗りやすくした低床バスや**LRT**（低騒音で低床の**トラム**（路面電車））などである．
<small>universal design</small>
<small>light-rail transit</small>
<small>tram</small>

1.7.4 ライフサイクル設計

機械の一生の流れを分析して，限られた地球上の資源を有効に利用し，環境に配慮する設計が強く求められている．工業製品の製造から廃棄に至る一生を示す**図1.15**の循環を<u>ライフサイクル</u>といい，ライフサイクル全体を考えた設計を**ライフサイクル設計**という[7]．この循環において設計で配慮しなければならないことがらは，**リデュース，リユース，リサイクル**であり，頭文字をとって **3R**（スリーアール）ともよばれる．
<small>life cycle</small>
<small>life cycle design</small>

a リデュース　できる限り資源を節約し，廃棄物の発生を抑制することを<u>リデュース</u>という．たとえば，何回も使えるエコバッグや薄肉のペットボトル，バイオプラスチックを使って軽量化した自動車部品などである．
<small>reduce</small>

b リユース　使用済みの製品を清掃・補修して再利用することを<u>リユース</u>という．たとえば，複写機のトナー容器やレンズ付きフィルムなどである．
<small>reuse</small>

c リサイクル　使用済みの部品に手を加えて他の部品に転用して**再生利用**したり，使用済みの製品から材料を取り出して再資源化することを<u>リサイクル</u>という．たとえ
<small>recycle</small>

1.7　安全・安心・環境に配慮した設計　13

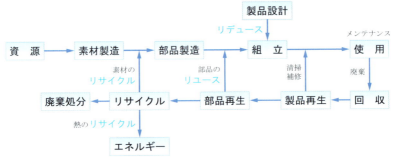

▶ 図 1.15　製品のライフサイクル（参考文献[7]より作成）

ば，古新聞紙は新たな再生紙になり，廃棄されたコンピュータのボードから金などの材料を取り出して新たな材料として利用することなどである．

1.8 エネルギーと動力

表 1.1 のように，機械は供給されたエネルギーを人間が必要とする仕事に変える．仕事をすると部材には力がはたらき，滑り面では摩擦力がはたらく．

1.8.1 仕事

図 1.16 のように，水平方向の力 F [N] によって物体を距離 s [m] 滑らせたとき，力が物体にした**仕事** A [J] は次のようになる．

$$A = Fs \text{ [J]} \tag{1.1}$$

仕事の単位は 1 [N·m] = 1 [J] であり，[J] は**ジュール**とよぶ．

単位時間（1 s：1 秒）あたりの仕事を**動力**といい，単位は [J/s] である．1 [J/s] = 1 [W] であるので，動力は [W] や [kW] の単位で表すことが多い．

▶ 図 1.16　仕事

1.8.2 エネルギー

たとえば，ディーゼルエンジンを回転させて仕事をする軽油は，**エネルギー**をもっているという．このように，エネルギーとは「仕事をする能力」をいう．

重力加速度 $g = 9.8$ [m/s^2] のもとで高さ h [m] にある質量 m [kg] の物体は，それが落下すると，次に示す仕事 E_p [J] をする．

$$E_p = mgh \text{ [J]} \tag{1.2}$$

高さ h [m] にある物体は，エネルギー E_p [J] をもっているという．このエネルギー E_p を**位置エネルギー**(potential energy)という．

質量 m [kg] の物体が速度 v_0 [m/s] で動いているとき，物体は次式のエネルギー E_k [J] をもっている．このエネルギー E_k を**運動エネルギー**(kinetic energy)という．

$$E_k = \frac{mv_0^2}{2} \text{ [J]} \tag{1.3}$$

1.8.3 摩擦

図 1.16 のように，滑り面に平行な力 F と垂直な力 N が作用している物体が滑り始める瞬間，あるいは一定の速度で滑っているとき，物体の動きを阻もうとする抵抗力 f [N] が接触面に生じる．$F = f$ となって滑る状態を滑り摩擦といい，抵抗力を**摩擦力**(friction force)とよぶ．滑り摩擦では，次の関係がほぼ成り立つ．

1. 摩擦力は滑り面に垂直な力 N に比例する
2. 摩擦力は見かけの接触面積とは無関係である
3. 摩擦力は滑り速度とは無関係である

上記 1 の関係から，滑り面に垂直な力 N [N] に対する摩擦力 f [N] の比を**摩擦係数**(coefficient of friction) μ といい，次のようになる．

$$\mu = \frac{f}{N} = \frac{F}{N} = \tan\rho \tag{1.4}$$

図 1.17 のように，滑り面を角度 ρ 傾けると物体は滑り始める．滑り始める瞬間の摩擦力を**静摩擦力**(static friction force)（厳密には，**最大静止摩擦力**という），傾斜角 ρ を**摩擦角**(friction angle)，摩擦係数を**静摩擦係数**(coefficient of static friction)という．

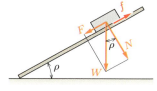

▶ 図 1.17　摩擦力

物体が一定速度で滑っているときの摩擦力を**動摩擦力**(sliding friction force)といい，摩擦係数を**動摩擦係数**(coefficient of sliding friction)という．静摩擦係数は，動摩擦係数より大きい．

1.8.4 回転速度

物理量を扱う場合，長さには [m]，時間には [s] の単位を用いる．**物理量**(physical quantity)とは「エネルギーや動力，遠心力などのような物理系の特性で，規定された単位で表された大きさ」である．ただし，機械工学の分野では，長さ寸法には [mm]，時間

1.8　エネルギーと動力　15

には［min］が使われ，機械技術者の感覚になじんでいる．たとえば，モータなどの回転速度は 1460 min^{-1} のように表す．

本書では，計算は原則として物理量の扱いで［m］や［s］などを用い，計算結果は機械工学の慣習に従った単位で表すようにした．

> **POINT** なお，過去には軸の回転速度を rpm または RPM（revolutions per minute）の単位で表していた．文献などを調査する際は混乱しないようにしたい．

1.8.5 力・トルク

回転速度 n ［min^{-1}］で動力 P ［W］を伝えている直径 d ［m］の軸がある．図 1.18 のように，外周の接線方向に力 F ［N］が作用しているときのトルク T ［N·m］は，

$$T = \frac{Fd}{2} \ [\text{N·m}] \tag{1.5}$$

▶ 図 1.18　軸にはたらく力

となり，軸の周速度 v ［m/s］は，

$$v = \frac{\pi d n}{60} \ [\text{m/s}] \tag{1.6}$$

となる．軸の伝達動力 P ［W］は単位時間の仕事であるので，次のようになる．

$$P = Fv = \frac{\pi T n}{30} \ [\text{W}] \tag{1.7}$$

動力 P ［W］から求めるトルク T ［N·m］と円周力 F ［N］は，式（1.5），（1.7）から，次のようになる．

$$T = \frac{30P}{\pi n} \ [\text{N·m}] \tag{1.8}$$

$$F = \frac{2T}{d} = \frac{60P}{\pi n d} \ [\text{N}] \tag{1.9}$$

1.8.6 遠心力

図 1.19 は，直径 d ［m］の円の上を質量 m ［kg］の物体が角速度 $\overset{\text{オメガ}}{\omega}$ ［rad/s］で回っている状態を表している．

▶ 図 1.19　遠心力

このとき，物体には半径方向に外へ飛び出そうとする力がはたらく．この力を**遠心力** C [N] といい，次のように表される．
centrifugal force

$$C = \frac{md\omega^2}{2} \ [\text{N}] \tag{1.10}$$

演習問題

解答は p.212

☐ **1.1** 機械の定義を調べよ．　　　　　　　　　　　　　　　　　　1.1 節

☐ **1.2** 機械要素の定義を調べよ．　　　　　　　　　　　　　　　　1.2 節

☐ **1.3** 仕様の定義を調べよ．　　　　　　　　　　　　　　　　　　1.4 節

☐ **1.4** ANSI，DIN はどこの国の規格か調べよ．　　　　　　　　　1.2 節

☐ **1.5** 自転車に使われている機械要素をあげよ．　　　　　　　　　1.2 節

☐ **1.6** 次の標準数を JIS Z 8601 によって調べよ．
（a）R5　　（b）R10　　（c）R10/3（1.25, …）　　1.2 節

☐ **1.7** リードタイムとは何か調べよ．　　　　　　　　　　　　　　1.4 節

☐ **1.8** ライフサイクル設計で配慮しなければならないことがらを調べよ．

1.7 節

☐ **1.9** 第一角法で表されている図面を第三角法と間違えて加工したとき，設計者の意図と違った部品になる例を考えよ．　　　　　1.4 節

☐ **1.10** 工業製品では，図 1.14 の初期故障期間での故障率を小さくする工夫がされているものがある．その例を調べよ．　　　　1.6 節

☐ **1.11** エネルギー，動力とは何か．また，その単位を調べよ．　　1.8 節

chapter 2 材料の強度と剛性

- 荷重
- 応力
- ひずみ
- 曲げ

キーワード
- たわみ
- ねじり
- 安全率

機械が変形したり破壊して事故に至らないように，機械の設計では，機械の部材に作用する力の加わり方と部材内部に発生する応力やひずみ，使用する材料の機械的性質，部材の変形を制限する場合の設計方法などについての知識が要求される．なお，**部材**(member)とは，機械を構成する要素をいう．

2.1 部材に作用する力

部材に外から作用する力を**外力**(external force)といい，**荷重**(load)ともいう．また，外力により部材内部に生じる力を**内力**という．部材の強度を検討するには，部材にどのような荷重が作用するかを知らなければならない．

荷重の加わり方には次のようなものがある．

a 軸荷重 表 2.1 (a) のように，力の作用方向が軸線と一致する荷重 W を**軸荷重**(axial load)と

▶ 表 2.1 荷重と応力

荷重	作用状態	応力
(a) 軸荷重 (W)	引張荷重(W) ／ 圧縮荷重($-W$)	引張・圧縮応力 $\sigma = \pm \dfrac{W}{A}$
(b) 曲げ荷重 (M：曲げモーメント)	正の曲げモーメント ／ 負の曲げモーメント	最大曲げ応力 $\sigma_b = \pm \dfrac{M}{Z}$ Z：断面係数
(c) せん断荷重 (W)		せん断応力 $\tau = \dfrac{W}{A}$
(d) ねじり荷重 (T：トルク)		最大せん断応力 $\tau_{max} = \dfrac{T}{Z_p}$ Z_p：極断面係数

いい，**引張**(ひっぱり)**荷重**と**圧縮荷重**がある．

b 曲げ荷重　表（b）のように，曲げモーメント M を発生させる荷重を**曲げ荷重**(bending load)という．曲げモーメントの正（+）・負（−）は，表（b）のようにするとよい．

c せん断荷重　表（c）のように，荷重方向と同じ向きの部材内部の仮想面にはたらく平行荷重を**せん断荷重**(shearing load)という．

d ねじり荷重　表（d）のように，丸棒にねじりモーメント T を発生させる荷重を**ねじり荷重**(torsional load)という．

2.2 材料の機械的性質

2.2.1 引張・圧縮応力とひずみ

図 2.1 のように，断面積 A ［m^2］の丸棒に引張荷重 W ［N］が作用したとき，丸棒の断面の単位面積あたりの内力を**応力**(stress) σ(シグマ) ［$N/m^2 = Pa$］といい，次のようになる．

$$\sigma = \frac{W}{A} \text{ [Pa]} \tag{2.1}$$

引張る前の試験片の断面積 A を用いて求めた式（2.1）の応力を，**公称応力**とよぶ．式（2.1）の単位 ［Pa］(パスカル)（$= N/m^2$）は，応力や圧力の単位である．σ は大きな値になることが多いので，［$MPa = 10^6$ Pa］(メガパスカル)がよく用いられる．

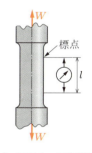

図 2.1　引張試験

表 2.1（a）のように，引張荷重による応力を**引張応力**(tensile stress)，圧縮荷重による応力を**圧縮応力**(compressive stress)という．また，表（b）のように，曲げ荷重による応力を**曲げ応力**(bending stress)，表（c），（d）のように，せん断荷重やねじり荷重による応力を**せん断応力**(shearing stress)という．

図 2.1 の引張試験片の標点間の距離 l は，引張荷重 W によって伸びて $l + \Delta l$ になる．次式による単位長さあたりの伸びを**ひずみ**(strain) ε(イプシロン) とよぶ．

$$\varepsilon = \frac{\Delta l}{l} \tag{2.2}$$

2.2.2 応力－ひずみ線図

図 2.1 のような試験片を引張ったとき，**延性材料**(ductile material)の応力とひずみの関係は**図 2.2** のようになり，これを**応力－ひずみ線図**(stress-strain diagram)（応力－ひずみ曲線ともいう）という．延性材料とは，弾性限度を超えても破壊しないで伸びる材料をいう．

図 a は鋼の場合で，$\overline{OP}$ の間は応力とひずみが比例関係（**フックの法則**という）

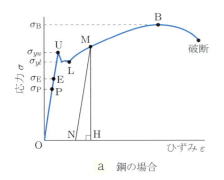
a 鋼の場合

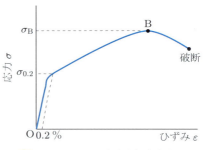
b アルミニウム合金や銅合金などの場合

▶ 図 2.2 応力 – ひずみ線図

にあり，点 P の応力を**比例限度** σ_P という．点 P よりわずかに上の点 E までは，荷重を取り去ると元に戻る弾性の性質があり，点 E の応力を**弾性限度** σ_E という．機械の設計では，材料を比例限度の範囲内で用いるようにする．

比例限度の範囲内では，次の関係がある．

$$\sigma = E\varepsilon \,[\text{Pa}] \tag{2.3a}$$

$$\varepsilon = \frac{\sigma}{E} \tag{2.3b}$$

定数 E [Pa] を**縦弾性係数**といい，**ヤング率**ともいう．
modulus of longitudinal elasticity

点 E からは塑性変形（永久変形）が始まる．点 U，L の応力を**降伏点** σ_y といい，
yield point
点 U を上降伏点 σ_{yu}，点 L を下降伏点 σ_{yl} という（異なる読み方もある）．降伏点を超えた点 M から荷重を取り去ると，ほぼ直線的に点 N に戻る．$\overline{\text{ON}}$ は**永久ひずみ**，$\overline{\text{NH}}$ は**弾性ひずみ**である．図 2.2 a ，b において，材料が耐えられる最大応力である点 B を**極限強さ** σ_B といい，引張試験では**引張強さ** σ_B という．
ultimate strength   tensile strength

図 b は，アルミニウム合金や銅合金などの応力 – ひずみ線図で，降伏点が明確に現れない．この場合は，永久ひずみが 0.2 % になる応力を降伏点とみなして，これを**耐力** $\sigma_{0.2}$ という．
proof stress

鋳鉄やセラミックスなどの材料は，図 2.3 のようにほとんど塑性変形しないで破断する．このような材料を**ぜい性材料**という．
brittle material

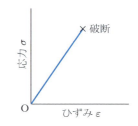

▶ 図 2.3 ぜい性材料の応力 – ひずみ線

Chapter 2　材料の強度と剛性

例題2.1

図2.1で，直径 $d = 20$ mm の試験片に荷重 $W = 10$ kN が作用している．標点間距離 $l = 50$ mm の伸びが $\Delta l = 0.016$ mm であった．試験片に生じる応力 σ とひずみ ε，材料の縦弾性係数 E を求めよ．

解　断面積：$A = \dfrac{\pi d^2}{4} = \dfrac{\pi (0.02)^2}{4} = 3.14 \times 10^{-4}$ [m^2]

応力：式 (2.1)（p.19）から，$\sigma = \dfrac{W}{A} = 31.8 \times 10^6$ [N/m^2] = 31.8 [MPa]

ひずみ：式 (2.2)（p.19）から，$\varepsilon = \dfrac{\Delta l}{l} = \dfrac{0.016}{50} = 3.2 \times 10^{-4}$

縦弾性係数：式 (2.3a)（p.20）から，$E = \dfrac{\sigma}{\varepsilon} = \dfrac{31.8 \times 10^6}{3.2 \times 10^{-4}} = 99.4 \times 10^9$ [Pa] = 99.4 [GPa]

答　$\sigma = 31.8$ MPa, $\varepsilon = 3.2 \times 10^{-4}$, $E = 99.4$ GPa

2.2.3 せん断応力とせん断ひずみ

図2.4のように，水平方向の断面が長方形で面積が A [m^2] の材料に，水平方向の力 F [N]（**せん断力**という）がはたらくとき，次式の τ（タウ）を**せん断応力** shearing stress [Pa] という．

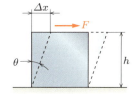

▶ 図2.4　せん断応力とせん断ひずみ

$$\tau = \dfrac{F}{A} \text{ [Pa]} \tag{2.4}$$

せん断力によって生じる試料上面の水平方向の変位を Δx，試料の高さを h とし，図2.4の θ（シータ）[rad] が非常に小さいとすれば，**せん断ひずみ** shearing strain γ は，

$$\gamma = \dfrac{\Delta x}{h} \fallingdotseq \theta \tag{2.5}$$

となる．せん断応力とせん断ひずみの関係は図2.2の線図に類似していて，式(2.3)と同様に，次式によって表される．

$$\tau = G\gamma \tag{2.6a}$$

$$\gamma = \frac{\tau}{G} \tag{2.6b}$$

定数 G [Pa] を**横弾性係数**(modulus of transverse elasticity)という.

縦弾性係数 E や横弾性係数 G は非常に大きな数値になるので，[GPa ($= 10^9$ Pa)] の単位(ギガパスカル)で表されることが多い．表 2.2 に，主な材料の**機械的性質**を示す．機械的性質とは，材料に力を加えたときの変形や強度などの材料の性質をいう．

▶ 表 2.2 主な材料の機械的性質

材料	引張強さ σ_B [MPa]	縦弾性係数 E [GPa]	横弾性係数 G [GPa]
中炭素鋼 (S30C〜S50C)[1]	554 以上	206	79.4
高炭素鋼 (S50C〜)[1]	755 以上	206	79.4
鋳鉄	196 以上	98	37.2
ばね鋼	1079 以上	206	83.3
黄銅	275 以上	108	41.2
アルミニウム合金	431 以上	72.5	27.4

注[1] たとえば，S30C とは炭素含有量が 0.30% の炭素鋼．

2.3 曲げを受ける部材の応力と変形

2.3.1 はり

はり(beam)とは，水平に置かれ，垂直荷重を受ける機械や構造物の細長い部材をいう．はりの代表的な支え方は，図 2.5 に示す**片持ばり**(cantilever)と**両端支持ばり**(simply supported beam)である．ほかに，これらを組み合わせた両端固定ばりや一端固定・他端支持ばりなどがある．

a 片持ばり（集中荷重の例）　　b 両端支持ばり（分布荷重の例）

▶ 図 2.5 はりの支え方

2.3.2 はりの曲げ応力

はりに作用する代表的な荷重には，図 2.5 のように，1 点に集中する**集中荷重**(concentrated load)と，分布する**分布荷重**(distributed load)がある．とくに，単位長さあたりの荷重によって表される一様分

布荷重を**等分布荷重**という．これらの荷重によって，はりに**曲げモーメント** M が生じる．

図 2.6 a のように曲げモーメント M によってはりに生じる応力は，図 b のようにはりの最上面（圧縮応力 σ_c）から最下面（引張応力 σ_t）へ直線的に変化する．この応力を**曲げ応力**という．曲げ応力がはたらくと，はりには曲がるだけで伸び縮みのない面が存在する．この面を**中立面**といい，はりの断面との交線 N–N を**中立軸**という．

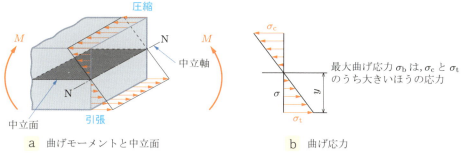

▶ 図 2.6 曲げモーメントと曲げ応力

はりに生じる最大曲げ応力 σ_b は，はりの最上面または最下面に生じ，曲げモーメント M [N·m] から次式によって求めることができる．

$$\sigma_b = \frac{M}{Z} \text{ [Pa]} \tag{2.7}$$

Z [m³] ははりの断面形状から決まるので，**断面係数**といい，**表 2.3** に示す．中立軸から最上面または最下面までの距離で大きいほうを y とおけば，断面係数 Z と断面二次モーメント I の間には，$Z = I/y$ の関係がある．

例題 2.2

直径 $d = 30$ mm，長さ $l = 800$ mm の円筒形片持ちばり（図 2.5 a ）の先端に集中荷重 $W = 200$ N が作用している．固定部に生じる最大曲げ応力 σ_b を求めよ．

解 曲げモーメント：$M = W \times l = 200 \times 0.8 = 160$ [N·m]

断面係数：表 2.3 （c）から，$Z = \dfrac{\pi}{32} d^3 = 2.65 \times 10^{-6}$ [m³]

最大曲げ応力：式（2.7）から，$\sigma_b = \dfrac{M}{Z} = 60.4 \times 10^6\,[\text{Pa}] = 60.4\,[\text{MPa}]$

答 $\sigma_b = 60.4\,\text{MPa}$

▶ 表2.3　断面二次モーメント I と断面係数 Z の例

断面形状	断面積 A	断面二次モーメント I	断面係数 Z
（a）	bh	$\dfrac{1}{12}bh^3$	$\dfrac{1}{6}bh^2$
（b）	$b_2 h_2 - b_1 h_1$	$\dfrac{1}{12}(b_2 h_2^3 - b_1 h_1^3)$	$\dfrac{1}{6}\cdot\dfrac{b_2 h_2^3 - b_1 h_1^3}{h_2}$
（c）	$\dfrac{\pi}{4}d^2$	$\dfrac{\pi}{64}d^4$	$\dfrac{\pi}{32}d^3$
（d）	$\dfrac{\pi}{4}(d_2^2 - d_1^2)$	$\dfrac{\pi}{64}(d_2^4 - d_1^4)$	$\dfrac{\pi}{32}\cdot\dfrac{d_2^4 - d_1^4}{d_2}$

　式（2.7）からわかるように，断面一様のはりでは，最大曲げ応力 σ_b はモーメント M が最大となる断面に生じる．この断面がもっとも破壊しやすく危険であるので，この断面を**危険断面**という．

　式（2.7）は断面係数 Z に反比例するので，危険断面での最大曲げ応力を小さくするためには，Z が大きくなる断面形状にするとよい．たとえば，同じ断面積であれば，表2.3（a）の場合，長辺を横方向にするよりも縦方向にしたほうが断面係数が大きくなる．

　はりの設計では，危険断面を知って，そこに生じる最大曲げ応力 σ_b が材料の許容応力 σ_a 以下になっていることを確認しなければならない．

　曲げモーメント M [N・m] が作用し，最大曲げ応力が σ_b [Pa] である円筒軸の

直径 d [m] は，表 2.3 から $Z = \pi d^3/32$ [m^3] であるので，式（2.7）より次のようになる．

$$d = \sqrt[3]{\frac{32M}{\pi \sigma_b}} \text{ [m]} \tag{2.8}$$

2.3.3 単純曲げ

図 2.7 a の鉄道車両の車軸を軸受で支えたとき，車軸に生じる曲げモーメントは，図 b のようになる．図 b を**曲げモーメント図**という．車輪と車輪の間の軸には，曲げモーメント $M = -Wa$ だけが作用する．このような曲げを**単純曲げ**という．

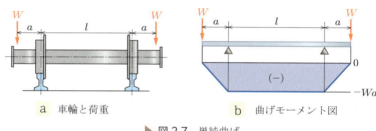

▶ 図 2.7 単純曲げ

2.3.4 はりのたわみ

はりのたわみ δ の最大値 $\delta_{\max}$ [m] と傾斜 i の最大値 $i_{\max}$ は，次式で与えられる．

$$\delta_{\max} = \frac{\chi_1 W l^3}{EI} \text{ [m]} \tag{2.9}$$

$$i_{\max} = \frac{\chi_2 W l^2}{EI} \tag{2.10}$$

ここで，E [Pa] は縦弾性係数，l [m] ははりの長さ，W [N] は荷重，I [m^4] は断面二次モーメント，χ_1 と χ_2 は荷重条件とはりの支持方法によって決まる**表 2.4** の係数である．**断面二次モーメント** I ははりの断面形状によって決まる係数で，表 2.3 に示す．表 2.4 に示されている曲線ははりの中立面のたわみを表し，**たわみ曲線** deflection curve という．なお，表 2.4（c）では最大たわみの位置と荷重点は一致しないので，荷重点でのたわみを求める係数 χ_1 も示した．

式（2.9）では EI が大きいほどたわみは小さくなってたわみにくくなるので，EI

▶ 表 2.4　係数 χ_1, χ_2 の例

荷重条件	χ_1	χ_2
(a)	$\dfrac{1}{48}$	$\dfrac{1}{16}$
(b) $w = \dfrac{W}{l}$	$\dfrac{5}{384}$	$\dfrac{1}{24}$
(c) $a \geqq b$	最大たわみ用：$\dfrac{b(l^2-b^2)^{3/2}}{9\sqrt{3}l^4}$ 荷重点のたわみ用：$\dfrac{a^2b^2}{3l^4}$	$\dfrac{a(l^2-a^2)}{6l^3}$
(d)	$\dfrac{1}{3}$	$\dfrac{1}{2}$
(e) $w = \dfrac{W}{l}$	$\dfrac{1}{8}$	$\dfrac{1}{6}$

を曲げ剛性という．たとえば，歯車が取り付けられた軸では最大たわみ δ_{max} を許
容値以下にしないと，たわみのために歯車は正常なかみあいができなくなる．直径
d [m]，長さ l [m] の円筒軸の中央に歯車が取り付けられて荷重 W [N] が作用
している場合，表 2.4（a）から $\chi_1 = 1/48$，表 2.3（c）から $I = \pi d^4/64$ [m⁴]
であるので，δ_{max} に許容値が与えられれば，式 (2.9) から直径 d は次のようにな
る．

$$d = \sqrt[4]{\frac{4Wl^2}{3\pi E(\delta_{max}/l)}}\ [\text{m}] \tag{2.11}$$

2.4　ねじりを受ける部材の応力と変形

2.4.1　せん断応力

　丸棒をねじると，図 2.8 のように外周に最大せん断応力が生じ，中心に向かっ
て直線的に減少する．最大せん断応力 τ_{max} [Pa] は次のようになる．

$$\tau_{\max} = \frac{T}{Z_P} \text{ [Pa]} \tag{2.12}$$

ここで，T [N·m] は**ねじりモーメント**（トルクともいう），Z_P [m³] は断面形状によって決まる**表 2.5** の**極断面係数**である．

中実円筒の場合，表 2.5 から $Z_P = \pi d^3/16$ [m³] であるので，最大せん断応力が $\tau_{\max}$ になる軸の直径 d [m] は，式（2.12）から次のようになる．

$$d = \sqrt[3]{\frac{16T}{\pi \tau_{\max}}} \text{ [m]} \tag{2.13}$$

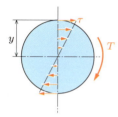

▶ 図 2.8 せん断応力

▶ 表 2.5 断面二次極モーメント I_P と極断面係数 Z_P の例

断面形状	断面二次極モーメント I_P	極断面係数 Z_P
(a) ⊘ d	$\dfrac{\pi}{32} d^4$	$\dfrac{\pi}{16} d^3$
(b) ⊘ d_1, d_2, t	$\dfrac{\pi}{32}(d_2^4 - d_1^4)$	$\dfrac{\pi}{16}\left(\dfrac{d_2^4 - d_1^4}{d_2}\right)$

2.4.2 ねじり変形

直径 d [m]，長さ l [m] の丸棒を**図 2.9** のようにねじりモーメント T [N·m] でねじったとき，丸棒のねじれ角 ψ（プサイ）[rad] は次のようになる．

$$\psi = \frac{Tl}{GI_P} \text{ [rad]} \tag{2.14}$$

ここで，G [Pa] は横弾性係数，I_P [m⁴] は表 2.5 に示す**断面二次極モーメント**である．

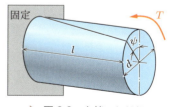

▶ 図 2.9 丸棒のねじり

式（2.14）からわかるように，GI_P が大きいほどねじれ角 ψ が小さくなるので，GI_P を**ねじり剛性**あるいは**ねじりこわさ**とよぶ．表 2.5（a）の中実円筒軸では，$I_P = \pi d^4/32$ [m⁴] であるので，軸の直径 d [m] は次のようになる．

（torsional rigidity）

2.4 ねじりを受ける部材の応力と変形

$$d = \sqrt[4]{\frac{32T}{\pi G(\psi / l)}} \, [\text{m}] \tag{2.15}$$

ねじり剛性を考えた設計では，単位長さ（1 m）あたりのねじれ角 θ [rad/m または °/m] を用い，θ が許容値以下になるようにする．次式の θ を**比ねじれ角**という．

$$\theta = \frac{\psi}{l} \, [\text{rad/m}] \tag{2.16}$$

⚙ 例題2.3

直径 $d = 40$ mm，長さ $l = 500$ mm の丸棒にねじりモーメント $T = 2000$ N·m が作用したときの軸のねじれ角 ψ を求めよ．材料の横弾性係数は，$G = 80$ GPa とする．

解 断面二次極モーメント：表 2.5（a）から $I_P = \dfrac{\pi}{32} d^4 = 2.513 \times 10^{-7}$ [m⁴]
p.27

ねじれ角：式（2.14）から，$\psi = \dfrac{Tl}{GI_P} = \dfrac{2000 \times 0.5}{80 \times 10^9 \times 2.513 \times 10^{-7}} =$
p.27
0.04974 [rad] $= 2.85$ [°]

答 $\psi = 0.0497$ rad $= 2.85°$

・2.5 部材の破壊の原因

部材に静荷重や動荷重が作用すると部材内部に応力が発生するが，形状が急に変化する部分では平均応力よりはるかに大きな応力になって，部材が破壊することがある．また，繰返し荷重を受けると，低い応力でも部材が破壊する．**破壊**とは，部材が二つ以上になってしまう破断と，使用に耐えなくなる変形や摩耗した状態をいう．このような部材の破壊の原因を知って機械を設計しないと大事故を招くおそれがある．

2.5.1 静荷重と動荷重

a 静荷重（static load） 時間に対して変動しない荷重か，きわめてわずかに変動する**表 2.6**（a）の荷重をいう．

b 動荷重（dynamic load） 変動する荷重で，次のようなものがある．

28 ● Chapter2 材料の強度と剛性

1. **繰返し荷重**：繰返し作用する荷重であり，表（b）の**片振り繰返し荷重**と，表（c）の**両振り繰返し荷重**（**交番荷重**ともいう）がある．
2. **変動荷重**：大きさがランダム（不規則）に変動する表（d）の荷重をいう．
3. **衝撃荷重**：瞬間的に外から作用する表（e）の荷重をいう．

▶ 表 2.6　静荷重と動荷重

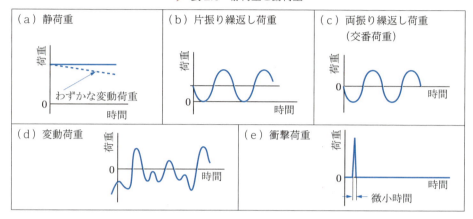

2.5.2 応力集中

部材の形状が急に変化する部分では，局所的に応力が大きくなる．図 **2.10** に示すように，丸穴があいている帯板の例では，穴の周辺部で応力が大きくなる．このように局所的に応力が大きくなる現象を，**応力集中**（stress concentration）という．また，形状が急に変化する部分を**切欠**（notch）といい，切欠によって応力集中が発生することを**切欠効果**という．同様のことは，せん断応力においても生じる．

切欠によって生じる最大応力 σ_{max}（または τ_{max}）を**集中応力**という．切欠がないときの平均応力（**基準応力**という）を σ_n（または τ_n）としたとき，次式の比 α を**応力集中係数**（stress concentration factor）という．

$$\alpha = \frac{\sigma_{max} （または \tau_{max}）}{\sigma_n （または \tau_n）} \tag{2.17}$$

応力集中係数 α は部材の形状から決まるので，**形状係数**（form factor）ともよばれる．段付き丸棒を引張ったときの応力集中係数 α の例を図 **2.11** に示す[8]．軸の直径 d に対する段付きの切欠（隅部）の半径 r の比（r/d）が小さくなるほど，軸直径の比 D/d が大きくなるほど，応力集中係数 α が大きくなる．軸の設計では，安全の観点か

ら，切欠（隅部）の半径 r を大きくしたり，軸直径の比 D/d を小さくするなどの工夫が必要である．

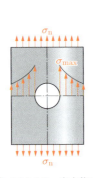

▶ 図 2.10　応力集中

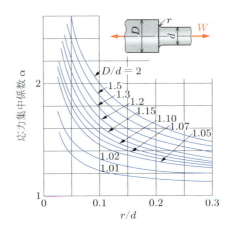

▶ 図 2.11　段付き丸棒の引張

2.5.3　疲労破壊

a　S-N 曲線　長い期間にわたって材料が繰返し荷重を受けると，極限強さ σ_B よりはるかに小さい荷重で破壊することがある．このような破壊を**疲労破壊**または**疲れ破壊**という．
fatigue fracture

　材料の疲労に対する強さは，繰返し荷重をかける疲労試験によって求められる．図 2.12 は交番荷重による応力の振幅 σ と材料が破壊するまでの繰返し数 N の関係であり，**S-N 曲線**という．S は stress（応力）である．
S-N curve

　鋼材では，$10^6 \sim 10^7$ 以上の繰返し数で S-N 曲線がほぼ水平になる．水平部分の

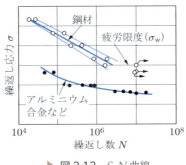

▶ 図 2.12　S-N 曲線

30　● Chapter2　材料の強度と剛性

応力より低い応力では，繰返し数が増えても破壊は生じない．水平とみなされる応力を**疲労限度** σ_w という．動荷重を受ける機械では，部材に作用する応力が疲労限度 σ_w 以下になるように設計する．

アルミニウム合金や銅合金などでは，図 2.12 のように，明確な水平部分が見られない．このような材料では，設計者が想定した繰返し数に対応する S–N 曲線上の応力を用いる．

b 疲労限度線図 繰返し応力を平均した平均応力を σ_m とし，σ_m を中心とした応力振幅（繰返し応力の片振幅）を σ_A とするとき，σ_m と σ_A の関係は**図 2.13** のようになる．この図を**疲労限度線図** fatigue limit diagram という．

平均応力が $\sigma_m = 0$ のときの応力振幅 σ_A は，図 2.12 の疲労限度 σ_w である．応力振幅がない $\sigma_A = 0$ では，σ_m は静的な荷重による引張強さ σ_B になる．疲労限度を表す線図にはいろいろな説があるが，上記のような二つの極端な状態の応力を直線で結んだ疲労限度線図を**修正グッドマン線図**といい，図 2.13 の直線より下側が安全に使用できる範囲である．

平均応力 σ_m が大きくなると，小さな応力振幅でも破壊する．

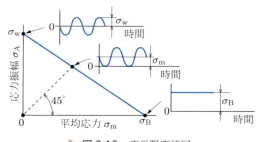

▶ 図 2.13 疲労限度線図

2.5.4 座屈

図 2.14 のように，細長い部材を組み立てたものを**骨組構造**（ほねぐみ）framework という．送電線の鉄塔，鉄橋，クレーンなどに骨組構造が使われている．細長い部材を**長柱** long column という．長柱に軸方向の圧縮荷重が加わると，荷重が増えないのに，**表 2.7** の破線のように急に柱が横方向に大きくたわんで破壊することがある[9]．このような現象を**座屈** buckling という．長柱にはたらく荷重が偏っていたり，材料が不均質であることなどが座屈の原因と考えられている．

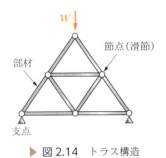

▶ 図 2.14　トラス構造

▶ 表 2.7　長柱の条件

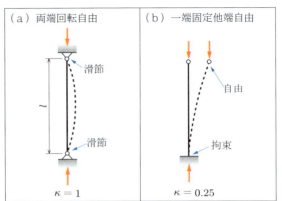

図 2.14 は，長柱を滑節（回転自由のピン結合）で結合した骨組構造であり，**トラス構造**とよばれる．トラス構造では，荷重 W が加わると棒状の部材には圧縮荷重か引張荷重だけがはたらく．もし，トラス構造で 1 本の長柱が座屈すると，構造物全体が破壊し，大きな事故になるおそれがある．安全・安心の観点から，構造物に対して座屈の確認をする必要がある．

座屈が生じる限界の圧縮荷重を**座屈荷重**という．座屈荷重 W_0 [N] のもっとも基本的な式に，次の**オイラーの式**（Euler's formula）がある．

$$W_0 = \frac{\kappa \pi^2 E I_0}{l^2} \text{ [N]} \tag{2.18}$$

ここで，l [m] は長柱の長さ，E [Pa] は縦弾性係数，κ（カッパ）は長柱の支持条件に依存する表 2.7 の係数，I_0 [m^4] は次に示す主断面二次モーメントである．

はりがもっとも曲がりやすいのは断面二次モーメント I が最小になる場合であり，このときの断面二次モーメントを**主断面二次モーメント** I_0 という．たとえば，図 2.15 のような長方形断面（$b \geq h$）のはりでもっとも曲がりやすいのは中立軸を X-X にした場合であり，表 2.3（a）から，$I_0 = bh^3/12$ [m^4] となる．

式（2.18）からわかるように，長柱は曲げ剛性 EI_0 が大きいほど座屈に強く，長さ l が長いほど弱くなる．

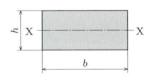

▶ 図 2.15　長柱の断面

例題 2.4

表 2.3（a）で，幅 $b = 30$ mm，厚さ $h = 15$ mm，長さ $l = 1000$ mm の長柱が両端回転自由の支持がされている．この場合の座屈荷重 W_0 を求めよ．ただし，縦弾性係数は $E = 206$ GPa とする．

解 主断面二次極モーメント：$I_0 = bh^3/12 = 8.438 \times 10^{-9}$ [m^4]

座屈荷重：$E = 206 \times 10^9$ [Pa], 表 2.7（a）(p.32) から $\kappa = 1$ であるので，

式 (2.18)(p.32) から，$W_0 = \dfrac{\kappa \pi^2 E I_0}{l^2} = 17.16 \times 10^3$ [N] $\fallingdotseq 17.2$ [kN]

答 $W_0 = 17.2$ kN

2.5.5 その他の原因

a 環境温度 材料は使用環境の温度によって機械的性質が変化する．温度変化により鋼の機械的性質が変化する様子を図 2.16 に示す．引張強さは 250℃前後より高温になると低下する．降伏点は温度が高くなるにつれて低くなる．

b 環境疲労 塩水やガスがある環境では，材料の表面が腐食したりガスの成分が材料内部に浸透して，材料の疲労強度が低下する．このような現象を **環境疲労** という．

c クリープ 材料に長時間一定荷重を加えると，図 2.17 のようにひずみが時間とともに増加する．この現象を **クリープ**（creep）といい，このひずみを **クリープひずみ** という．荷重を一定にしたときの図 2.17 の曲線を，**クリープ曲線** という．

d 表面の微細凹凸 加工によって生じる表面の微細凹凸が大きいほど，凹凸の谷が切欠効果をもつために，疲労強度は低下する．メッキ仕上げしたなめらかな表面の部品の疲労強度は，旋削加工面などより強くなる．

e 寸法効果 寸法の大きさによって材料の引張強さや疲労強度が変化する．これを材

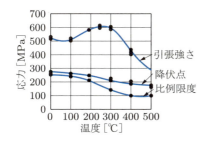

▶ 図 2.16 鋼の機械的性質の温度依存

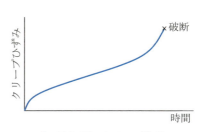

▶ 図 2.17 クリープ曲線

料の**寸法効果**という．一般に，カーボンファイバやグラスファイバのように，ファ
size effect
イバの直径が小さいほど強度が増す．これは，材料の欠陥が少なくなるためと考え
られている．

・2.6 強度設計
2.6.1 許容応力と安全率

材料が破壊しないで十分安全に使用できる最大応力を**許容応力** σ_a という．許容
allowable stress
応力 σ_a は，過去の経験や多くの実験によって決めることが望ましい．

すべての材料に対して許容応力を準備することは難しい．また，部材に作用する
力が想定より大きかったり，材料の機械的性質にばらつきがあったりする．そのた
めに，材料の強さに余裕をもたせるように，次の**安全率** S を用いて許容応力 σ_a を
safety factor
求める．

$$\sigma_a = \frac{基準強さ}{安全率 S} \tag{2.19}$$

材料の基準強さは，図 2.2 において明確に把握できる引張強さ σ_B を用いること
が多く，この場合の安全率の目安を**表 2.8** に示す．疲労強度の場合は，基準強さ
として図 2.12 の疲労限度 σ_w を用い，経験から，安全率 S は 1.3〜2.0 程度とする．

▶ 表 2.8　安全率 S の例

材料	静荷重	動荷重		
		片振り荷重	両振り荷重	衝撃荷重
鋼	3	5	8	12
鋳鉄	4	6	10	15

許容せん断応力 τ_a は，最大せん断応力説に従う延性材料では

$$\tau_a \fallingdotseq 0.5\sigma_a \tag{2.20}$$

となる．**最大せん断応力説**とは，部材に生じる最大せん断応力がせん断降伏応力に
maximum shear stress hypothesis
達したときに部材が降伏するという説である．

2.6.2 安全設計

材料の強さのばらつきや荷重のあいまいさなどの不確定な因子に対して安全性を
確保するために，安全率が導入された．しかし，安全率を大きくして安全性を高め

ると，機械の質量が増えたり材料が無駄になったりする．そのために，人命にかかわる航空機などでは，部品の破壊までの時間（寿命）を予測して交換したり，定期点検で疲労き裂が見つかるとその部品を換えるなどの**破損安全設計**の考え方がとられている．

2.6.3 破壊力学設計

き裂が存在するものとして構造を設計することを**破壊力学設計**（fracture mechanics design）という．

図 2.18 のような微細なき裂は先端が鋭く，計算による応力集中係数は大きくなりすぎて利用できなくなる．そのために，き裂先端近くの応力に注目した**応力拡大係数**（stress intensity factor）K が用いられる．図は縁き裂をもつ有限板の場合であり，応力拡大係数 K は次のようになる[10]．

▶ 図 2.18　縁き裂の先端

$$K = \alpha \sigma \sqrt{\pi a} \tag{2.21}$$

ここで，α は試験片の形やき裂の大きさなどに関わる係数，a はき裂の長さ，σ は遠い位置で引張って生じる一様応力である．

演習問題　　　　　　　　　　　　　　　　　　　　　　解答は p.213

☐ **2.1**　単位面積に作用する力の大きさを表現するのに，圧力という場合と応力という場合がある．これらの使い分けを調べよ．　　　　　　　　　　2.2 節

☐ **2.2**　$l = 100$ mm，直径 $d = 20$ mm の中炭素鋼丸棒に $W = 2000$ N の圧縮荷重が作用している．断面の圧縮応力 σ [MPa]，棒の伸び（縮み）Δl [mm]，ひずみ ε を求めよ．ここで，縦弾性係数は $E = 206$ GPa である．　　　　　　　　　　　　　　　　　　　　　　　　　　　　2.2 節

☐ **2.3**　応力集中を軽減する方法を考えよ．　　　　　　　　　　2.5 節

☐ **2.4**　安全率を使用する理由を調べよ．　　　　　　　　　　　2.6 節

2.5 極端に細くしたワイヤは，寸法効果により非常に強くなるので，工業材料として使われる．このような材料とプラスチック材料などを一緒にした材料を複合材料という．どのような複合材料が使われているか調べよ．　　　　　　　　　　　　　　　2.5 節

2.6 両振り引張圧縮の疲労試験で得られる疲労限度 $\sigma_w = 180$ MPa，引張強さ $\sigma_B = 480$ MPa の鋼材がある．修正グッドマン線図を作成せよ．また，平均応力 $\sigma_m = 200$ MPa のときに，破壊しない限界の応力振幅 σ_A [MPa] はいくらか．　　　　　　　　　　2.5 節

2.7 直径 $d = 10$ mm，長さ $l = 100$ mm の鋼丸棒の片持ちばりがある．はりの先端に荷重 $W = 500$ N が作用したとき，はりの最大たわみ δ_{max} [mm] と最大傾斜 i_{max} [rad] を求めよ．ただし，縦弾性係数は $E = 206$ GPa とする．　　　　　　　　　　　　　2.3 節

2.8 直径 $d = 20$ mm の鋼丸棒にトルク $T = 10$ N·m がはたらいている．最大せん断応力 τ_{max} [MPa] と単位長さ（1 m）あたりのねじれ角 θ [°/m] を求めよ．ただし，横弾性係数は $G = 80$ GPa とする．　2.4 節

2.9 直径 d [mm] の鋼丸棒のはりに，曲げモーメント $M = 10$ kN·m が作用している．材料の許容引張応力が $\sigma_a = 100$ MPa のとき，安全であるはりの最小直径を求めよ．　　　　　　　　　　　　2.3 節

2.10 直径 d [mm] の鋼丸棒の軸にねじりモーメント $T = 5$ kN·m が作用している．材料の許容せん断応力が $\tau_a = 80$ MPa のとき，安全である軸の最小直径を求めよ．　　　　　　　　　　　　2.4 節

2.11 長柱の座屈を検討する必要がある例を調べよ．　　　　　2.5 節

chapter 3 機械の精度

キーワード
- 不確かさ
- 寸法交差
- はめあい
- 幾何交差
- 表面性状
- 精度鈍感設計

部品の寸法や形状の偏差（偏り），加工表面の表面性状などが，機械の性能に大きく影響する．設計では，機械の性能を向上させるために構成部品の寸法や形状の精度，表面性状を適切に指示しなければならない．この章では，機械の性能を発揮させるための精度を扱う．なお，**機能**（function）とは設計に取り入れられた製品の仕様，**性能**（performance）とは機能が達成される程度や寿命などをいう．

3.1 計測における不確かさ

3.1.1 Ａタイプの不確かさ

マイクロメータなどによる寸法の測定では，温度変化による部品や計測機器の熱膨張，振動などに起因する測定値のばらつき，レーザ測長機などでは気圧や湿度の変動による測定値のばらつきが生じる．このように，さまざまな要因によって生じる測定値のばらつきを統計的に扱い，測定値の信頼性を表す手法を計測における**不確かさ**（uncertainty）という[11]．不確かさのねらいは，「いつ」，「どこで」，「だれが」，「どんな計測機器で」，「どんな条件で」測定しても普遍性のある測定結果が得られることである．

古くは，真の値と測定値の差を誤差と定義していたが，真の値を得ることは不可能であるので，誤差の定義ができなくなった．そのために，測定におけるばらつきの表現を**不確かさ**とする国際的なルールのガイドが発行された[12]．統計的に扱えるばらつきをＡタイプの不確かさ，地震などによる偶発的なばらつきをＢタイプの不確かさという．通常は，Ａタイプの不確かさを扱う．

たとえば，ある計測機器を用いてブロックゲージ（非常に正確な寸法の鋼やセラミックスの直方体のブロック）を N 回測定したとしよう．温度や湿度などの環境の変化や床の振動，計測機器そのものの非再現性（ばらつき）などによって，測定値は図 3.1 のように**正規分布**（normal distribution）に近い形でばらつく．このばらつきは「**計測における不確かさ**」（uncertainty in measurement）とよばれるが，これには測定される部品の寸法のばらつきは含まれていない．

ばらつきの大きさは，**標準偏差**（standard deviation）σ によって表される．x_i $(i = 1, 2, \cdots, N)$ を測

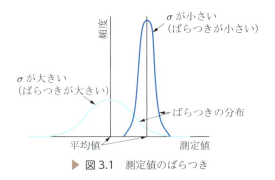

▶ 図 3.1 測定値のばらつき

定データ，$\bar{x}$ をデータ x_i の平均値とすれば，N が大きいときの標準偏差は，

$$\sigma = \sqrt{\sum_{i=1}^{N} \frac{(x_i - \bar{x})^2}{N}} \tag{3.1}$$

となる．測定値のばらつきが小さいと標準偏差 σ は小さくなり，図のように，分布形の幅が狭くなる．

機械加工された N 個の円筒部品の直径を測定したとしよう．直径寸法のばらつきは図 3.1 のようにほぼ正規分布になる．このばらつきには「円筒部品の加工誤差」と「計測における不確かさ」が含まれる．したがって，部品の寸法を正確に測定するには，計測における不確かさを表す標準偏差が，後述する寸法公差より相当（たとえば，1 桁以上）小さくなっていなければならない．

3.1.2 トレーサビリティ

使用する計測機器は，国際的に共通な長さ標準を用いて**校正** (calibration) されていなければならない．校正とは，測定機器を国が定める標準に従って正すことである．国際的に共通な長さ標準は，1 秒の 2 億 9979 万 2458 分の 1 の時間に光が真空中を伝わる距離を 1 m と定義している（長さ標準は，1983 年にクリプトン元素の波長換算から変更された[13]）．これをもとに，国が認定した校正事業者が長さ標準器を校正し，次に，この標準器をもとに企業や研究所のブロックゲージなどの機器を校正する．さらに，この機器を基準として，頻繁に使われる作業現場のブロックゲージやマイクロメータなどの計測機器の校正を行う．このように，計測機器の校正が現場から国家基準までつながる体系を**トレーサビリティ** (traceability of calibration) という[14]．

例題 3.1

寸法測定における不確かさを保証する手法を調べよ．

解 トレーサビリティを適用し，Ａタイプの不確かさを明確にする．

3.2 部品の精度とコスト

機械を構成する部品に高い精度を要求する主な目的は，
1. 機械の機能を満たし，性能を高める
2. 機械ごとの性能のばらつきを少なくする
3. 部品の互換性を高める

などである．

これによって，設計・加工・組立・検査・メンテナンスなどの一連の生産活動が効率的に進められるようになる．しかし，部品に高い精度を要求すると機械の性能は向上するが，高精度の工作機械が必要になったり製造期間が長くなって，製品のコストが高くなる．一般に，部品の加工精度と加工コストの関係は**図 3.2**のようになる．全体コストが最小になる条件が存在するといわれている．

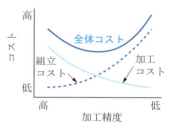

▶ 図 3.2　加工精度とコスト

POINT 需要の多い量産品では，自動化された工作機械や生産技術などによって，経済的で精度の高い製品が市場に出荷される．一方，少量生産で高度な機械では，コストより性能が優先されることがある．

例題 3.2

経済的で精度の高い量産部品を調べよ．

解 転がり軸受や自動車用の減速装置に用いられる歯車などがあげられる．

3.3 寸法公差とはめあい

注意深く加工された部品でも，その寸法は必ずばらつく．そのために，設計にあたっては，部品の目的に合わせて寸法に許容されるばらつきの範囲を指示する．

3.3.1 寸法

軸の直径などは，ノギスやマイクロメータによって測定することが多い．このような測定器具による測定値は部品に接する2点間の距離であるので，この測定法を **2点測定** という．一般に，寸法は2点測定によって求めることを原則とする．寸法には，図3.3のようなものがある[15]．

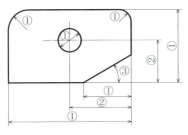

①**長さ寸法**（大きさ寸法，サイズ寸法ともいう：size dimension）：
　形の大きさを表す寸法[mm]
②**位置寸法**（positional dimension）：
　穴の中心の位置など，実体のないものを表す寸法[mm]
③**角度寸法**（angular dimension）：
　角度を表す寸法[°または rad]

▶ 図 3.3　寸法の種類

3.3.2 寸法公差

許容される寸法のばらつきの範囲は，図3.4 a に表すように，**基準寸法** (basic size) 50 mm からの偏差（−0.009 mm ～ −0.025 mm）によって与えられる[16]．図 b において，基準寸法50 mm に許容されるばらつきの範囲 −0.009 mm ～ −0.025 mm を**寸法許容差**といい，−0.009 mm を**上の寸法許容差**，−0.025 mm を**下の寸法許容差**という．軸の直径は，最大許容寸法49.991 mm と最小許容寸法49.975 mm の間になければならない．この二つの寸法を**許容限界寸法**という．また，最大許容寸法と最小許容寸法の差0.016 mm を，**寸法公差** (tolerance of size) という．

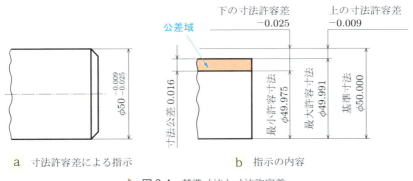

a　寸法許容差による指示　　　　b　指示の内容

▶ 図 3.4　基準寸法と寸法許容差

3.3.3 基本公差

寸法公差は厳しいものからゆるいものへ等級が付けられ，**表 3.1** のように，**基本公差**として標準化されている．**公差等級**は，IT に続けて等級を表す数字を付け，
standard tolerance   international tolerance
IT7 のように表す．ちなみに，寸法公差が 0.016 mm の図 3.4 の軸は IT6 である．

▶ 表 3.1　基本公差 （ JIS B 0401-1 ） 抜粋）

基準寸法 [mm]		公差等級										
を超え	以下	IT5	IT6	IT7	IT8	IT9	IT10	IT11	IT12	IT13	IT14	IT15
		公差 [μm]										
—	3	4	6	10	14	25	40	60	100	140	260	400
3	6	5	8	12	18	30	48	75	120	180	300	480
6	10	6	9	15	22	36	58	90	150	220	360	580
10	18	8	11	18	27	43	70	110	180	270	430	700
18	30	9	13	21	33	52	84	130	210	330	520	840
30	50	11	16	25	39	62	100	160	250	390	620	1000
50	80	13	19	30	46	74	120	190	300	460	740	1200
80	120	15	22	35	54	87	140	220	350	540	870	1400
120	180	18	25	40	63	100	160	250	400	630	1000	1600
180	250	20	29	46	72	115	185	290	460	720	1150	1850

注）IT14〜は，1 mm 以下の基準寸法には適用しない．

3.3.4 公差域

図 3.4，**3.5** のように，上の寸法許容差と下の寸法許容差にはさまれた領域を**公差域**という．公差域は，**基準線**（基準寸法を示す線）に近いほうの寸法許容差を基準にして定め，これを**基礎となる寸法許容差**という．図 3.5 のように，穴のような内側の形を**内側形体**，軸のような外側の形を**外側形体**という．形体とは，形の基本
fundamental deviation
となる軸線や面などをいう（3.4 節 幾何公差を参照）．

基礎となる寸法許容差を表す記号は，**図 3.6** のように，内側形体に対してアルファベットの大文字 A，B，C，…，JS，…，ZC，外側形体に対して小文字 a，b，c，…，js，…，zc のように表す．内側形体と外側形体で基礎となる寸法許容差が正（＋）になる場合をそれぞれ EI，ei，負（－）になる場合をそれぞれ ES，es で表す．EI，ei，ES，es の一部を図 3.6 と**表 3.2** に示す[16]．

図 3.5，3.6 の関係から，A〜H，k〜zc の公差域では，

3.3　寸法公差とはめあい　41

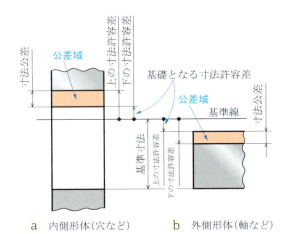

▶ 図3.5 公差域

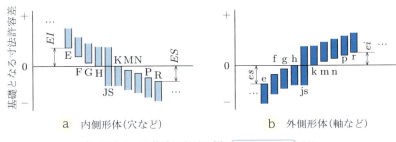

▶ 図3.6 公差域と記号の例（ JIS B 0401-1 抜粋）

$$[下の寸法許容差] = [基礎となる寸法許容差] \tag{3.2a}$$
$$[上の寸法許容差] = [基礎となる寸法許容差] + [基本公差] \tag{3.2b}$$

K〜ZC，a〜h の公差域では，

$$[下の寸法許容差] = [基礎となる寸法許容差] - [基本公差] \tag{3.3a}$$
$$[上の寸法許容差] = [基礎となる寸法許容差] \tag{3.3b}$$

JS，js では，

$$[上下の寸法許容差] = \pm [基本公差/2] \tag{3.4}$$

となる．

▶ 表 3.2　*EI*, *ei*, *ES*, *es* の例　(JIS B 0401-1) 抜粋)

基準寸法 [mm]		外側形体 [μm]						内側形体 [μm]	
		es		*ei*				*EI*	*ES*
を超え	以下	f	h	n	p	k[1]	m	H	P
—	3	−6	0	+4	+6	0 (0)	+2	0	−6
3	6	−10	0	+8	+12	+1 (0)	+4	0	−12
6	10	−13	0	+10	+15	+1 (0)	+6	0	−15
10	18	−16	0	+12	+18	+1 (0)	+7	0	−18
18	30	−20	0	+15	+22	+2 (0)	+8	0	−22
30	50	−25	0	+17	+26	+2 (0)	+9	0	−26
50	80	−30	0	+20	+32	+2 (0)	+11	0	−32
80	120	−36	0	+23	+37	+3 (0)	+13	0	−37
120	180	−43	0	+27	+43	+3 (0)	+15	0	−43
180	250	−50	0	+31	+50	+4 (0)	+17	0	−50

注[1]　k の値は IT4〜IT7 の場合であり，それ以外では括弧内の値を用いる．

⚙ 例題3.3

次に示す寸法許容差で，基準寸法，上および下の寸法許容差，最大および最小許容寸法，寸法公差，公差等級はいくらか．

(1) $42^{+0.012}_{0}$　　(2) $50^{-0.005}_{-0.024}$　　(3) $12^{+0.018}_{+0.002}$

解

基準寸法	上の寸法許容差	下の寸法許容差	最大許容寸法	最小許容寸法	寸法公差	公差等級
(1) 42	+0.012	0	42.012	42.000	0.012	IT6
(2) 50	−0.005	−0.024	49.995	49.976	0.019	IT7
(3) 12	+0.018	+0.002	12.018	12.002	0.016	IT7

3.3.5　公差域クラス

式（3.2）〜（3.4）の寸法許容差は，基礎となる寸法許容差の記号と基本公差の公差等級を組み合わせて，H7 や h7 のように表す．このような組合せを，**公差域ク**
tolerance class
ラスという．

3.3　寸法公差とはめあい　43

3.3.6 寸法公差の指示

　長さ寸法の公差は，基準寸法に続けて公差域クラスや上と下の寸法許容差，最大と最小許容寸法，あるいはこれらの組合せによって指示する．図 3.7 によく使われる寸法公差の指示例を示す[17]．ただし，**穴の中心距離**は内側形体でも外側形体でもないので，公差域クラスによって指示することはできない．この場合は，図 b や図 d のように指示する．

▶ 図 3.7　寸法公差の指示例（ JIS Z 8318 抜粋）

例題 3.4

次の公差域クラスで指示された寸法を寸法許容差で表示せよ．
　（1）30 f7　　（2）12 p6　　（3）80 H8　　（4）56 js7

解　式 (3.2)〜(3.4) と表 3.1，3.2 から，次のようになる．

（1）$30\,{}^{-0.020}_{-0.041}$　（2）$12\,{}^{+0.029}_{+0.018}$　（3）$80\,{}^{+0.046}_{\ \ 0}$　（4）56 ± 0.015

3.3.7 はめあい

　軸と転がり軸受，キーとキー溝のように，たがいにはまりあうものがある．このような内側形体と外側形体のはまりあう関係を，**はめあい**（fit）という．はめあいには，図 3.8 に示す 3 種類がある[16]．

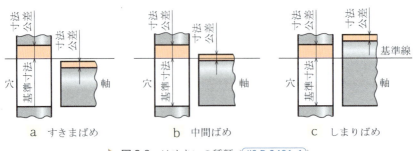

▶ 図 3.8　はめあいの種類（ JIS B 0401-1 ）

a すきまばめ 滑り軸受のように，穴径より軸径を小さくして，軸が穴に対して容易に動けるようにするはめあいを，**すきまばめ**という.
clearance fit

b 中間ばめ 軸と軸継手のように，わずかなすき間，またはわずかなしめしろがあるはめあいを，**中間ばめ**という.
transition fit

c しまりばめ 車両の車輪と軸のように，穴径より軸径を大きくしてしめしろを与え，圧入や焼きばめ，冷やしばめをして両者を固定するはめあいを，**しまりばめ**という.
interference fit

はめあい方式には，穴基準はめあいと軸基準はめあいがある.

a 穴基準はめあい 一つの公差域クラスの穴とさまざまな公差域クラスの軸との組合せを，穴基準はめあいという.
hole basis system of fit

b 軸基準はめあい 一つの公差域クラスの軸とさまざまな公差域クラスの穴との組合せを，軸基準はめあいという.
shaft basis system of fit

　一般に，穴より軸のほうが加工しやすいので，穴基準はめあいを採用することが多い．広く用いられているはめあいを**多く用いられるはめあい**[16]といい（古くは常用するはめあいとよばれていた），**表 3.3** に示す.

▶ 表 3.3　多く用いられる穴基準はめあいの例 （JIS B 0401-1 から作成）

種類	基準穴			適用対象（参考）
	H6	**H7**	**H8**	
すきまばめ	f6 h5	f7 h6	f7, f8 h7, h8	運動ができるはめあわせ しゅう動部分
中間ばめ	h5, h6 js5	js6 k6, m6		わずかにしめしろがあってもよい取付け 高精度な位置決め
しまりばめ	n6, p6	p6		組立・分解に大きな力が必要なはめあわせ

⚙ **例題3.5**

次の部品の組合せは，どのようなはめあいになっているか.
　（1）ピストンとシリンダ　（2）転がり軸受内輪と軸　（3）静圧軸受と軸
　（4）一般の歯車と軸　　　（5）電車の車輪と軸

解　（1）すきまばめ，（2）中間ばめ，（3）すきまばめ，（4）すきまばめ，
　　　（5）しまりばめ.

3.3　寸法公差とはめあい　**45**

3.3.8 寸法の普通公差

機械の性能に関係しない部品の寸法は，精度をゆるくして無駄な労力やコストをかけないようにする．この場合は公差を指示しないが，公差がないのではなく，**普通公差**が適用されていることを意味している[18]．**表**3.4 に長さ寸法の普通公差を示す．適用する普通公差は，図面の表題欄またはその傍らに表示する．また，独自に定義した普通公差を用いてもよいが，それを図面や文書に表す．

▶ 表 3.4　長さ寸法の普通公差の例（JIS B 0405）抜粋

公差等級 || 基準寸法の区分 [mm]					
記号	意味	0.5 以上 3 以下	3 を超え 6 以下	6 を超え 30 以下	30 を超え 120 以下	120 を超え 400 以下
		許容差 [mm]				
f	精級	±0.05	±0.05	±0.1	±0.15	±0.2
m	中級	±0.1	±0.1	±0.2	±0.3	±0.5
c	粗級	±0.2	±0.3	±0.5	±0.8	±1.2

3.4　幾何公差

図 3.9 のように，軸が曲がっていても**等径ひずみ円**になっていても，2 点測定によって測定された直径が許容寸法の範囲内にあれば，要求精度を満たす軸と判断される．等径ひずみ円とは，図 b のようにどの方向に測っても直径が $(R + r)$ となる円をいい，直径寸法だけをみると真円とみなされる．機械加工では，三角形や五角形の等径ひずみ円が生じることが多い．

たとえば，図 a の軸では転がり軸受が組み付けられなかったり，図 b の軸では軸の形状誤差によって転がり軸受の内輪が変形し，性能が低下するおそれがある．そのために，軸には寸法許容差だけではなく，まっすぐさやまん丸さの程度を表す**幾何公差** (geometrical tolerance) による規制が必要になる．

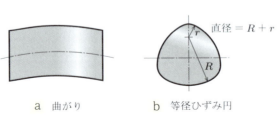

a　曲がり　　b　等径ひずみ円

▶ 図 3.9　軸部品の形状誤差の例

3.4.1 形体と幾何特性

幾何学的なくるいの対象となる**点**，**線**，**軸線**，**面**，**中心面**などを**形体**という．**軸線**とは，軸の複数横断面の中心をつらねた曲線をいう．直線や平面，円形，円筒などの形体は，**直線形体**，**平面形体**，**円形形体**，**円筒形体**などという[19]．

直線（直線形体）からのくるい（偏差）を表す真直度，まん丸さ（円形形体）からのくるい（偏差）を表す真円度，平面（平面形体）からのくるい（偏差）を表す平面度，理論的に正確な位置からのくるいを表す位置度などを**幾何特性**（tolerenced characteristics）という．幾何公差の種類，幾何特性と記号を**表 3.5** に示す．

▶ 表 3.5 幾何特性と記号[20] (JIS B 0021)

公差の種類	記号	幾何特性	データム指示	公差の種類	記号	幾何特性	データム指示
形状公差	—	真直度	否	位置公差	⊕	位置度	要・否
	⌷	平面度	否		◎	同心度	要
	○	真円度	否		◎	同軸度	要
	⌭	円筒度	否		=	対称度	要
	⌒	線の輪郭度	否		⌒	線の輪郭度	要
	⌓	面の輪郭度	否		⌓	面の輪郭度	要
姿勢公差	//	平行度	要	振れ公差	↗	円周振れ	要
	⊥	直角度	要		↗↗	全振れ	要
	∠	傾斜度	要				
	⌒	線の輪郭度	要				
	⌓	面の輪郭度	要				

3.4.2 データム

部品の加工や測定では，基準となる部分があいまいだと形状や穴の位置などを定めることが難しく，正常な組み付けができなくなる．**図 3.10** は下面を基準として上面の平行度を規制している例である．このように，幾何学的な精度を高めるためには基準となる形体（部分）が必要となる．この基準となる形体を**データム**（datum）という．ただし，表 3.5 でデータム指示が「否」となっている真直度や平面度などは，ほかの形体との関係を必要としない形体である．

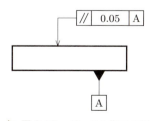

▶ 図 3.10　データム指示の例

3.4　幾何公差　47

a 面がデータムの場合　直方体の部品上面を，下面に対して 0.05 mm 以内で平行にする場合は，図 3.10 のように指示する．下面を基準にする指示は，塗りつぶしか白抜きの三角記号（データム三角記号という）をデータム面に付け，引出線につながる正方形の枠内にデータムを表す記号（アルファベットの大文字）を下側から読めるように記入する．なお，データム三角記号の形は規定されていないが，正三角形や直角二等辺三角形が用いられている．本書では塗りつぶしの正三角形を用いた．

　| // | 0.05 | A | は，後述する公差記入枠に平行度公差を記入した例で，データム A に対する上面の平行度を 0.05 mm 以内にすることを表している．部品の下面が接する定盤の面をデータム A の代理とみなして，加工や測定を行う．このように，代理とみなしたデータムを**実用データム**という．

b 線がデータムの場合　軸直線をデータムにする場合は，**図 3.11 a** のように，寸法線の延長線上に，矢印と対向させてデータム三角記号を付ける．ここで，**軸直線**とは，複数の横断面の中心に最小二乗法などで当てはめた直線をいう．図 b のように寸法線からはずしてデータム三角記号を付けると，円筒の母線がデータムとなる．データム三角記号の付け方で意味が異なることに注意する．

c 共通軸直線がデータムの場合　図 3.12 は，左右の軸部分 A, B の軸線に当てはめた共通の軸直線をデータムとし，データム直線回りに 1 回転させたときの中央の軸の円周振れを 0.02 mm 以下にすることを指示している．A–B を**共通データム**とい

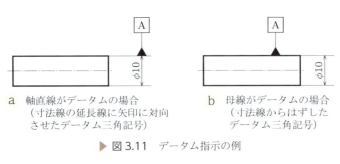

　a　軸直線がデータムの場合　　　　　b　母線がデータムの場合
　　（寸法線の延長線に矢印に対向　　　　（寸法線からはずした
　　させたデータム三角記号）　　　　　　データム三角記号）

▶ 図 3.11　データム指示の例

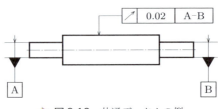

▶ 図 3.12　共通データムの例

う．共通軸直線に代わる便法として，A，B 部分を V ブロックで支え，軸を 1 回転させて円周振れを測定する方法がよく用いられる．

d **三平面データム系** 図 3.13 a は，図 b の一点鎖線のようなたがいに直交する定盤を実用データム A，B，C として，穴の位置を後述する位置度で規制した例である．図 b のデータムを**三平面データム系**という．加工された平面部品には形状誤差や微小な凹凸があるので，もっとも安定して定盤面に接触するのは，平面上の微小突起 3 点以上で接する場合である．図 a のデータム A，B，C の 3 面すべてを 3 点以上で三つの定盤面に接触させることは難しい．そのために，図 b のように，データム A が指示された面を 3 点以上で接触する定盤面を実用データム A，2 点以上で接触する定盤面を実用データム B，1 点以上で接触する定盤面を実用データム C とし，図 3.14 のように，左から優先順位の高い順に記入する．

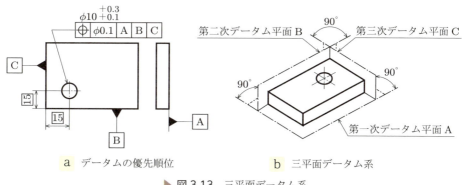

a データムの優先順位　　b 三平面データム系

▶ 図 3.13　三平面データム系

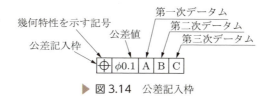

▶ 図 3.14　公差記入枠

3.4.3　幾何公差

表 3.5 の幾何特性に許される公差域を**真直度公差**，**真円度公差**，**平面度公差**，**位置度公差**などといい，これらを**幾何公差**という．
geometrical tolerance

a **公差記入枠**　図 3.14 の幾何公差を記入する長方形の枠を**公差記入枠**という．公差記

3.4　幾何公差　49

入枠の左端の枠には幾何特性を示す記号，それに続く枠には幾何公差の値，データムが必要な場合には右側の枠にデータムを表す記号を記入する．図 3.10 ではデータム A，図 3.12 では共通データム A–B が記入されている．図 3.13 b の三平面データム系を用いる場合は，図 3.14 のように優先順位の高い順にデータムを表す記号を記入する．

b **幾何公差の定義**　主な幾何公差の定義と指示方法を**表 3.6** に示す．図 3.13 a の位置度公差は，表 3.6（g）に示す理論的に正確な寸法（theoretically exact dimension）を基準として公差域が与えられる．理論的に正確な寸法は，図 3.13 a や表（g）のように長方形の枠で囲んで表す．幾何公差が指示されている形体を**公差付き形体**（toleranced feature）という．公差記入枠からの引出線の先端の矢印は，表 3.6 に示すように，公差付き形体に垂直に付ける．

▶ 表 3.6　幾何公差の公差域の定義（JIS B 0021 抜粋）

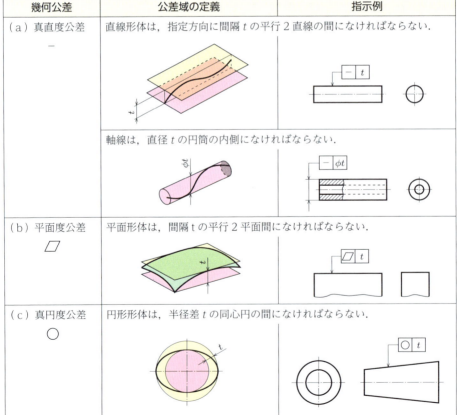

50　●Chapter3　機械の精度

▶ 表 3.6 つづき

幾何公差	公差域の定義	指示例
（d）円筒度公差 ⌭	円筒形体は，半径差 t の同心円筒の間になければならない． 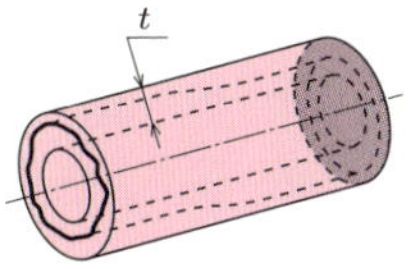	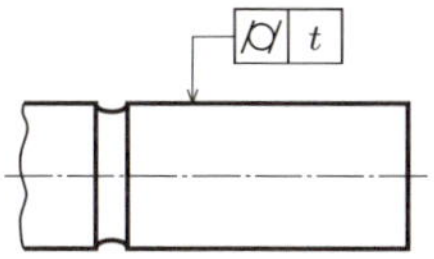
（e）平行度公差 ∥	平面形体は，データムに平行で間隔 t の 2 平面の間になければならない． 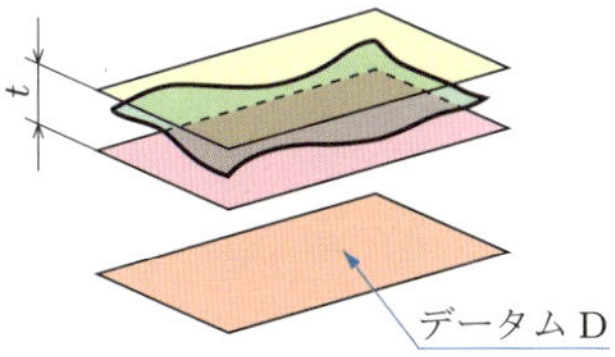	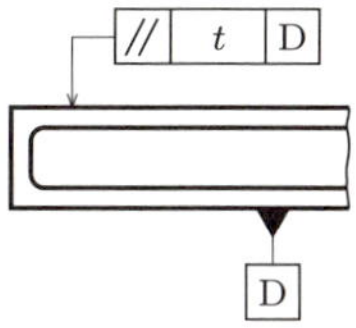
	軸線は，データムに平行な直径 t の円筒の内側になければならない． 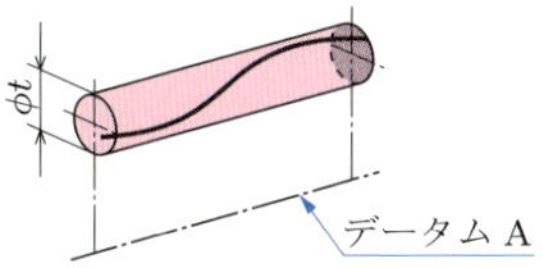	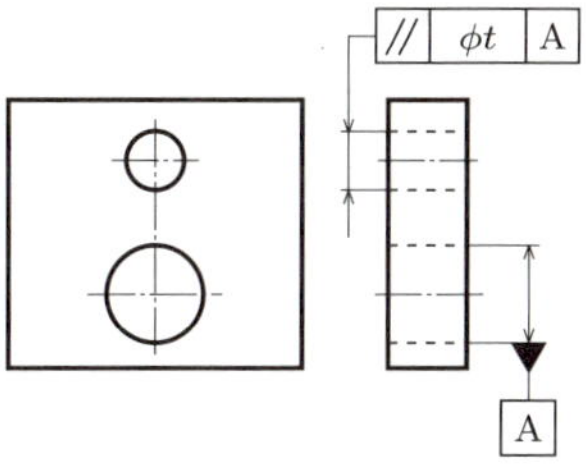
（f）直角度公差 ⊥	平面形体は，データムに直角な間隔 t の平行平面間になければならない． 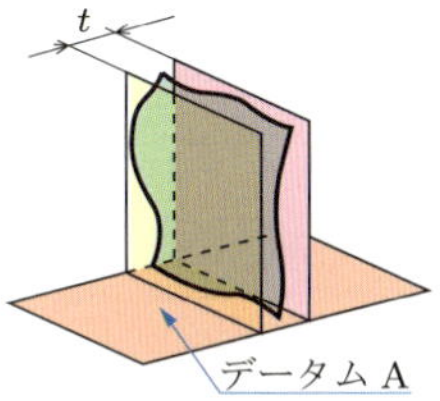	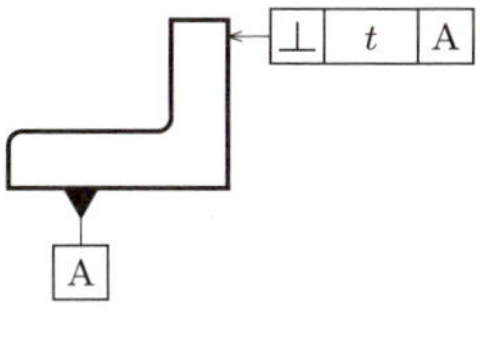
	軸線は，データムに直角な直径 t の円筒内になければならない． 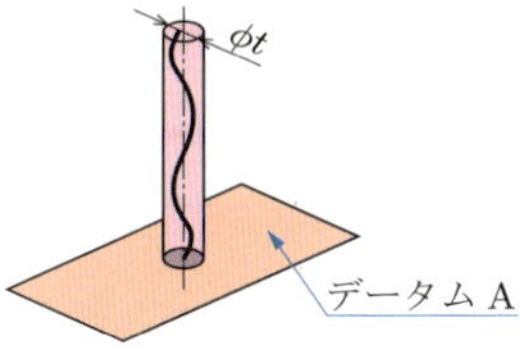	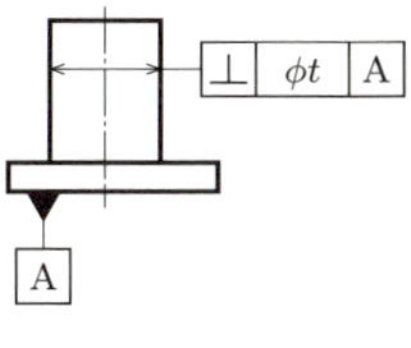

3.4 幾何公差　51

▶ 表 3.6 つづき

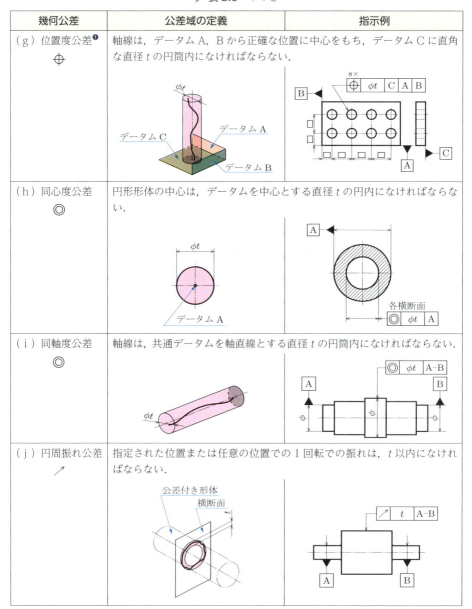

注❶ 位置度公差の寸法線上の長方形の枠は理論的に正確な寸法を表すが，寸法数値は省略されている．

52 　●Chapter3　機械の精度

例題3.6

図3.13 a のように，データムに優先順位を設ける理由を考えよ．

解 データムBとCの優先度を入れ替えると，下図のように穴の位置に違いが生じる．そのため，重要度に応じてデータムに優先順位を与える．

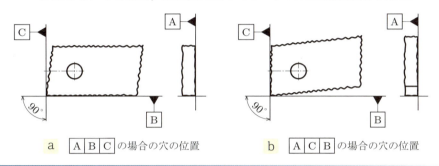

a ABC の場合の穴の位置　　b ACB の場合の穴の位置

図3.11のデータム指示と同様に，円筒の軸線が公差付き形体の場合は，図3.15 a のように，寸法線の矢印に対向して公差記入枠からの矢印を描く．円筒の母線を公差付き形体にする場合は，図 b のように寸法線からはずした位置に公差記入枠からの矢印を垂直に描く．

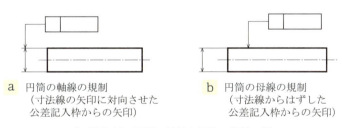

a 円筒の軸線の規制
　（寸法線の矢印に対向させた
　　公差記入枠からの矢印）

b 円筒の母線の規制
　（寸法線からはずした
　　公差記入枠からの矢印）

▶ 図3.15　円筒の軸線や母線の規制の例

c 最大実体公差方式　図3.16 a はボルトで取り付ける部品の穴の寸法公差と，穴の中心の位置度公差を示す．穴の直径が最小の 10.3 mm のとき，部品の実体（材料部分の体積）が最大（直径が最小許容寸法）となるので，この状態を**最大実体状態** maximum material condition という．図 a は，最大実体状態のとき，穴の中心は理論的に正確な位置を中心とする直径 0.28 mm（位置度公差）の円内（実際には円筒内）になければならないことを示している．

3.4　幾何公差　53

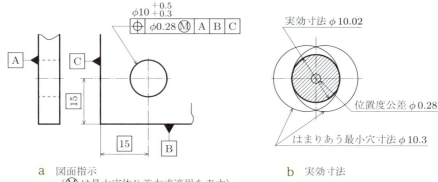

▶ 図 3.16 最大実体公差方式の例

　中心が位置度公差だけ偏って最大実体状態（直径が最小許容寸法）に加工された穴を図 3.16 b の細線の円で示す．これらの円に内接する包絡曲線（envelope curve）はハッチングされた円になり，この円内はボルトが干渉なしに通る空間になる．この円の直径を**実効寸法**（virtual size）といい，次のようになる．

　　［穴の最小許容寸法（直径）10.3 mm］－［位置度公差 0.28 mm］
　　　＝［実効寸法 10.02 mm］　　　　　　　　　　　　　　　　　(3.5)

　図 3.16 b と式（3.5）は「理論的に正確な位置に中心をもち，実効寸法を直径とする円が加工された穴の中にあれば，ボルトは取り付けられる」ということを表している．穴の直径が最大の 10.5 mm のときに実体が最小となるので，この状態を**最小実体状態**という．最小実体状態に加工された穴の中心が，次式右辺の「使用できる位置度」を直径とする円の中にあれば，図 b のハッチングされた円は加工された穴に入る．

　　［位置度公差 0.28 mm］＋［穴の寸法公差 0.2 mm］
　　　＝［使用できる位置度 0.48 mm］　　　　　　　　　　　　　　(3.6)

　なお，**位置度**とは理論的に正確な位置からのくるい（偏差）をいい，**位置度公差**とはこのくるいの許容値をいう．

　最大実体状態から最小実体状態の間では，**図 3.17** のように穴の直径が大きくなった分が位置度公差に加えられるので，式（3.6）の「使用できる位置度」が広がる．

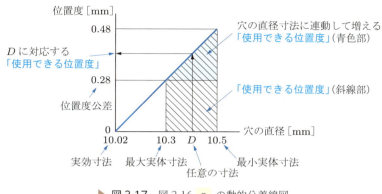

▶ 図 3.17　図 3.16 a の動的公差線図

図 3.17 を**動的公差線図**という．

　図 3.17 のように，加工された寸法（たとえば，穴の直径）と連動し，部品の機能を損なわないで「使用できる位置度」を大きくすることができる公差方式を**最大実体公差方式**という[21]．最大実体公差方式を適用する場合は，図 3.16 a のように，公差記入枠の公差値の後に Ⓜ の記号を付ける．検証には，限界ゲージ，機能ゲージ[22]，3 次元座標測定機などが使われる．

maximum material principle

d **普通幾何公差**　JIS B 0419 に普通幾何公差が定義されている[23]．

e **寸法公差と幾何公差の関係**　直径に与えた寸法公差に対してどの程度の幾何公差にすればよいかは明確ではないが，経験上，円筒部品では次式が目安になっている．

$$\frac{真円度公差}{基本公差} = 0.2 \sim 0.5 \tag{3.7a}$$

$$\frac{円筒度公差}{基本公差} = 0.3 \sim 0.7 \tag{3.7b}$$

例題 3.7

図 3.16 a の場合と，同図で Ⓜ を付けない（最大実体公差方式を適用しない）場合とで，穴の中心の使用できる位置度はどうなるか．

解　Ⓜ を付けたとき：図 3.17 から，使用できる位置度は最大実体状態（ϕ10.3 mm）では ϕ0.28，最小実体状態（ϕ10.5）では ϕ0.48 となり，使用できる位置度は穴の寸法に応じて，下図 a のように大きくなる．

Ⓜを付けないとき：位置度は，下図 b のように，与えられた位置度公差のままである．

a　Ⓜを付けたとき

b　Ⓜを付けないとき

3.5 表面性状

固体表面の微細な凹凸（おうとつ）やうねり，きずなどを総称して**表面性状** surface texture という．加工表面の微細な凹凸やうねりが大きいと，機械部品の寸法や形状の精度を高めるうえで障害になるばかりでなく，部品の互換性や寿命，外観の価値などを低下させる．そのために，部品の性能を満たすように微細な凹凸やうねりを規制する．

本書では，広く使われている粗さパラメータを扱う．

3.5.1 粗さ曲線

図 3.18 は平面研削加工面の微細な凹凸である．この凹凸をダイヤモンド針でなぞると，微細な凹凸曲線が得られる．この曲線を**測定断面曲線**という．この曲線にフィルタをかけると，うねり曲線や粗さ曲線が得られる．

フィルタへの入力信号の振幅を a_i，フィルタからの出力信号の振幅を a_o とするとき，a_o/a_i を**振幅伝達率**といい，入力信号の波長 λ に対して図 3.19 のような特性をもつ．a_o/a_i が 50% となる波長を**カットオフ値**という．図の左側のカットオフ値 λ_s のフィルタを**ローパスフィルタ**（λ_s より長い波長の信号を通すフィルタ）といい，右側のカットオフ値 λ_c のフィルタを**ハイパスフィルタ**（λ_c より短い波長の信号を通すフィルタ）という．

測定断面曲線から非常に短い波長（たとえば，$\lambda_s = 3\ \mu m$ 以下）の波長成分を図 3.19 の λ_s のローパスフィルタで遮断した曲線を**断面曲線** primary profile

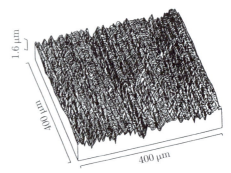
▶ 図 3.18　加工表面の凹凸の例

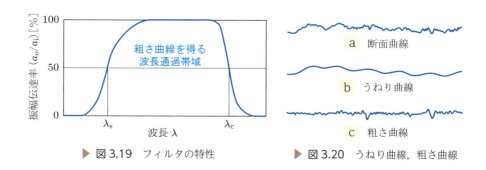

▶ 図 3.19　フィルタの特性　　　▶ 図 3.20　うねり曲線，粗さ曲線

といい，**図 3.20** a の曲線が得られる．このフィルタは，ダイヤモンドの触針先端が摩耗などで変形しても，その影響が粗さ曲線に現れないようにするためのものである．

図 3.19 のフィルタで断面曲線から λ_c より長い波長成分（たとえば，$\lambda_c = 0.8$ mm 以上）をハイパスフィルタで遮断した図 3.20 c の曲線を**粗さ曲線**（roughness profile）という．また，λ_c より長い波長成分を通過させた図 b の曲線をうねり曲線という．

図 3.19 のディジタルフィルタ[24]を適用した粗さ曲線とうねり曲線を加えると，図 3.20 a の断面曲線になるという特徴がある．粗さ曲線から**粗さパラメータ**（R-parameter），うねり曲線から**うねりパラメータ**（W-parameter）が得られる．

3.5.2　粗さパラメータ

JIS に **表 3.7** に示す粗さパラメータが規定されている[25]．広く使われるパラメータは，粗さ曲線の高さに関する Rz，Rz_{JIS}，Ra，Rq などである．パラメータ記号

▶ 表 3.7　粗さパラメータ（JIS B 0601 抜粋）

粗さパラメータ	記号	粗さパラメータ	記号
粗さ曲線の最大山高さ	Rp	粗さ曲線のスキューネス	Rsk
粗さ曲線の最大谷深さ	Rv	粗さ曲線のクルトシス	Rku
最大高さ粗さ	Rz	粗さ曲線要素の平均長さ	RSm
粗さ曲線要素の平均高さ	Rc	粗さ曲線の二乗平均平方根傾斜	$R\Delta q$
粗さ曲線の最大断面高さ	Rt	十点平均粗さ（JIS だけの規定）	Rz_{JIS}
粗さ曲線要素のピークカウント数	RPc	粗さ曲線の負荷長さ率	$Rmr(c)$
算術平均粗さ	Ra	粗さ曲線の切断レベル差	$R\delta c$
二乗平均平方根粗さ	Rq	粗さ曲線の相対負荷長さ率	Rmr

の斜体文字 R は粗さを表し，これに続く斜体の小文字 z など（添字ではない）はパラメータの種類を表す．粗さパラメータの単位は μm であるが，図面には単位を付けないで指示する．
roughness

表 3.7 のほかに，モチーフパラメータ[26]，プラトー構造表面のパラメータ[27]，転がり円うねり[28] などが規定されている．

粗さパラメータは，**図 3.21** のように**基準長さ** l_r（パラメータを求める粗さ曲線の長さ[29]）の粗さ曲線 $f(x)$ から求める．
sampling length

a 最大高さ粗さ Rz　山高さ（平均線から山の頂上までの距離）の最大値を Zp，谷深さ（平均線から谷底までの距離）の最大値を Zv とするとき，Rz は，

$$Rz = Zp + Zv \quad (3.8)$$

で表される．

POINT なお，古くは Rz は十点平均粗さの記号，Ry は最大高さ粗さの記号であった．過去の図面や文献を参照する際は注意する．

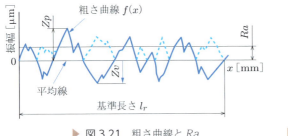

▶ 図 3.21　粗さ曲線と Ra　　　　▶ 図 3.22　同じ Ra の粗さ曲線

b 十点平均粗さ Rz_{JIS}　もっとも高い山から 5 番目までの山高さを $Zp_1, Zp_2, ..., Zp_5$，もっとも深い谷底から 5 番目までの谷深さを $Zv_1, Zv_2, ..., Zv_5$ とするとき，Rz_{JIS} は次のようになる．

$$Rz_{JIS} = \frac{Zp_1 + Zp_2 + \cdots + Zp_5}{5} + \frac{Zv_1 + Zv_2 + \cdots + Zv_5}{5} \quad (3.9)$$

Rz_{JIS} は Rz よりもばらつきが小さい．

c 算術平均粗さ Ra　粗さ曲線を $f(x)$ として，Ra は

$$Ra = \frac{1}{l_r} \int_0^{l_r} |f(x)| dx \quad (3.10)$$

で表される．Ra は，図 3.21 のアミかけ部分の平均を表し，ばらつきの少ない信頼性の高いパラメータであるので広く使われている．しかし，**図 3.22** のように，同

じ Ra でも異なった形の粗さ曲線があるので，滑り面などの評価にはほかのパラメータを併用するとよい．たとえば，次式のスキューネス（歪度ともいわれる）Rsk を使えば，図 3.22 a では $Rsk > 0$，図 b では $Rsk < 0$ となって，粗さ曲線の形の偏りを表すことができる．

$$Rsk = \frac{1}{Rq^3}\frac{1}{l_r}\int_0^{l_r} f^3(x)\mathrm{d}x \tag{3.11}$$

式 (3.11) に用いられている Rq は，次に示す式 (3.12) の二乗平均平方根粗さである．

c 二乗平均平方根粗さ Rq　粗さ曲線 $f(x)$ から，Rq は

$$Rq = \sqrt{\frac{1}{l_r}\int_0^{l_r} f^2(x)\mathrm{d}x} \tag{3.12}$$

で表される．

例題 3.8

自動車用エンジンのシリンダ内面はホーニング加工（細かいと石で磨く加工）されているが，なぜか．

解　ホーニング加工面には，右図のようにと石による交差した細かい溝ができ，微細な山の突起が削られ，溝は油溜まりの役を担う．これによって初期摩耗がなくなり，エンジンのならし運転が不要となる．

ホーニング加工面
（ナーゲル・アオバプレシジョン[30]より）

3.5.3　加工方法と粗さパラメータ

種々の加工方法で得られる算術平均粗さ Ra の経験値を表 3.8 に示す．指示された Ra にふさわしい加工方法を選択することができる．

寸法公差や幾何公差と粗さパラメータとの関係は明確ではないが，次式が経験的な目安となっている．

$$\frac{算術平均粗さ\ Ra}{寸法公差} = 0.02 \sim 0.06 \tag{3.13}$$

▶ 表 3.8　各種加工方法と Ra の例

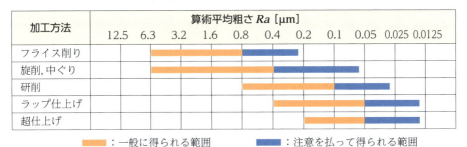

■：一般に得られる範囲　　■：注意を払って得られる範囲

3.5.4 粗さパラメータの指示方法

表面性状の図示記号を**図 3.23** に示す[31]．除去加工とは切りくずを出す加工を指し，除去加工しない場合とは前加工のままにすることである．

基本的には表面性状に関する要求事項を図示記号に記入しなければならないが，フィルタや基準長さなどが標準条件の場合は，**図 3.24** のように，粗さパラメータと必要に応じて加工方法などを記入するだけでよい[31]．**表 3.9** に加工方法記号を示す[32]．

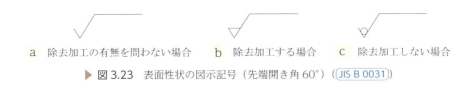

a　除去加工の有無を問わない場合　　b　除去加工する場合　　c　除去加工しない場合

▶ 図 3.23　表面性状の図示記号（先端開き角 60°）（JIS B 0031）

▶ 図 3.24　標準条件での粗さパラメータの指示例（JIS B 0031）

▶ 表 3.9　加工方法記号の例（JIS B 0122）

加工方法	記号	加工方法	記号
旋削	L	フライス削り	M
穴あけ	D	研削	G
中ぐり	B	リーマ仕上げ	FR

3.6 精度鈍感設計

機械の精度を高める方法の一つとして，精度鈍感設計の考え方がある．**精度鈍感設計**とは，機械を構成する部品の精度が機械の精度に直接影響しない，すなわち部品の精度が機械の精度に対して鈍感になる構造の設計をいう．ここでは，構造を工夫することによって精度が向上する例を扱う．

3.6.1 アッベの原理

図 3.25 のように，被測定物をノギスで測定すると，ノギスのスライダが測定力によって微小角 θ [rad] 傾く．そのために，目盛の位置では $h\theta$ 短くなって，次の読取誤差 δ が生じる．

$$\delta = h\theta \tag{3.14}$$

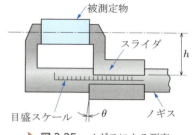

▶ 図 3.25　ノギスによる測定

これに対して，図 3.26 のように，被測定物の測定線上に標準尺の目盛を配置して読み取るようにすると，標準尺が微小角 θ [rad] 傾いたときの読取誤差 δ は，

$$\delta = (L-d)(1-\cos\theta) = (L-d)(1-\sqrt{1-\sin^2\theta})$$
$$\fallingdotseq (L-d)\frac{\theta^2}{2} \tag{3.15}$$

となる．θ は非常に小さいので θ^2 は θ より小さくなって，式 (3.14) よりも式 (3.15) のほうが誤差は小さくなる．図 3.26 のような構造を**アッベの原理**(Abbe's principle)という．

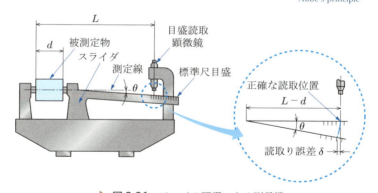

▶ 図 3.26　アッベの原理による測長機

⚙ 例題 3.9

図 3.25 のノギスによる測長で，$h = 30$ mm，$\theta = 2 \times 10^{-4}$ rad とするときの読取誤差を求めよ．また，図 3.26 の測長機で，$(L - d) = 1000$ mm，$\theta = 2 \times 10^{-4}$ rad の場合の読取誤差を求め，ノギスの読取誤差と比較せよ．

| **解** | ノギスの読取誤差：式 (3.14)(p.61) から，$\delta = h\theta = 6$ [μm].
アッベの原理による測長機の読取誤差：式 (3.15)(p.61) から，$\delta = (L-d)\theta^2/2 = 0.02$ [μm]. |
|---|---|
| **答** | ノギスの読取誤差：6 μm，測長機による読取誤差：0.02 μm，測長機の読取誤差はノギスの場合の 1/300 になる． |

3.6.2 遊びをゼロにする工夫

図 3.27 は，ボールねじに 2 個のナットを組み合わせ，皿ばねによって 2 個のナットに予圧を与えて遊びをゼロにする予圧ダブルナット方式である．この方式では，ナットの長さ l が長くなるので，ねじのピッチ誤差が平均化されて高い精度の送りができる．

3.6.3 力線の最短化

機械に外力が作用すると，機械には反作用の力が生じる．たとえば，工作機械では加工点での切削抵抗は切削工具から工作機械を通って加工部品に伝わり，力のループを閉じる．すなわち，図 3.28 のように，機械内部に**力線経路**（力のループ）が形成される．同じ材料，同じ断面形状の部材に同じ力が作用した場合，力線経路が短いほど機械に生じる変形が小さくなる．図 3.29 a のような構造の横型マシニングセンタよりも図 b のような構造のほうが力線経路が短くなるので，高い精度の加工が可能となる．

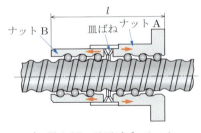

▶ 図 3.27 予圧ダブルナット

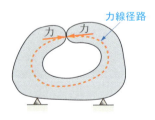

▶ 図 3.28 力線経路

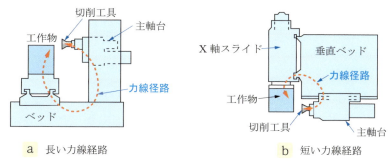

a 長い力線経路　　　　　　　　　　b 短い力線経路

▶ 図 3.29　力線の長さ

chapter 3　演習問題

解答は p.214

3.1 次の寸法表示で，基準寸法，上の寸法許容差，下の寸法許容差，最大許容寸法，最小許容寸法はそれぞれいくらか．また，公差等級を表 3.1 から調べよ．　　　　　　　　　　　　　　　　　　　　　　3.3 節

（a）$44^{+0.016}_{\ 0}$　　　（b）$50^{-0.009}_{-0.034}$　　　（c）$16^{+0.024}_{+0.006}$

3.2 はめあいは，右図の H7/m6 のように表すことができる．このはめあい方式の種類は何か．$\phi 50\text{H7}$ の寸法許容差は $^{+0.025}_{\ 0}$，$\phi 50\text{m6}$ の寸法許容差は $^{+0.025}_{+0.009}$ である．　　　　　　3.3 節

問題 3.2 の図

3.3 幾何公差は，指示方法によって意味が異なる．右図のように指示したときの真直度公差の意味を調べよ．　　　　　　　　　　　　3.4 節

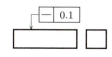

問題 3.3 の図

3.4 図 3.16 a で穴の直径が 10.4 mm に仕上げられているとき，許容される穴の中心位置の範囲はいくらか．　　3.4 節

3.5 最大高さ粗さ Rz と十点平均粗さ Rz_{JIS} の定義を調べよ．　　3.5 節

- **3.6** 粗さパラメータの表示が $\sqrt{Ra1.6}$ であった．この意味を調べよ．また，平面の場合にはどのような加工方法によればよいか，表3.8から考えてみよ． 3.5節

- **3.7** $\phi 26 _{-0.013}^{0}$ の円筒部品を研削加工する場合には，どの程度の粗さパラメータを指示すればよいか，表3.8，式（3.13）から考えてみよ． 3.5節

- **3.8** 図3.13 a の代わりに，右図のような指示がされた場合の解釈を示せ． 3.4節

- **3.9** 粗さパラメータ Rsk の定義を調べよ． 3.5節

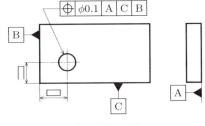

問題3.8の図

- **3.10** Ra が 6.3 μm 以下の機械加工を図面に指示する方法を調べよ． 3.5節

- **3.11** 図3.26，3.27，3.29の例のように，設計の工夫によって機械の精度を向上させる工夫について調べよ． 3.6節

chapter 4 ねじ

キーワード
- ねじ
- リード
- ピッチ
- 三角ねじ
- 一般用メートルねじ

ねじは，もっとも身近で使われている機械要素の一つであり，部材を締め付けたり移動させたりする．

4.1 ねじの基本

4.1.1 つる巻線とリード

図 4.1 のように，直径 d_2 の円筒に三角形の紙 ABC を巻き付けると，斜辺 AB はら線状になる．これを**つる巻線**（helix）という．つる巻線は，一回りすると軸方向に距離 l 進む．この距離 l を**リード**（lead）といい，三角形 ABC の傾斜角 β を**リード角**という．これらの間には，次の関係がある．

$$\tan\beta = \frac{l}{\pi d_2} \tag{4.1}$$

つる巻線に沿って円筒表面に溝を切り，円筒表面に残った部分に山を盛ったねじを**おねじ**（external thread）といい，この山を**ねじ山**（screw thread）という．また，穴の内側にあるねじを**めねじ**（internal thread）という．

図 4.1 のように，1 本のつる巻線に沿って溝を切ったねじを **1 条ねじ**（single screw thread）という．図 4.2 は，紙 ABC と，同じ大きさの紙 DEF を半周分ずらして巻き付けたときのつる巻線であり，2 本のつる巻線ができる．このつる巻線に沿って溝を切ったねじを **2 条ねじ**（double screw thread）という．ほかにも 3 条ねじなどがあり，2 条以上のねじを**多条ねじ**（multiple screw thread）という．多条ねじは，1 回転での送りを大きくしたいカメラのズームレンズなどに用いられる．

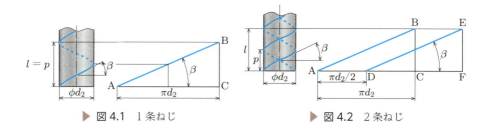

▶ 図 4.1　1 条ねじ　　　▶ 図 4.2　2 条ねじ

4.1　ねじの基本　　65

隣り合うねじ山の間隔 P を**ピッチ** (pitch) という．n 条ねじのリード l とピッチ P の間には，次の関係がある．

$$l = nP \tag{4.2}$$

4.1.2 右ねじ，左ねじ

ねじには，つる巻線の巻く方向によって，**右ねじ** (right-hand thread) と**左ねじ** (left-hand thread) がある．**図 4.3** のように，おねじを縦にして見たとき，ねじ山が右上方向を向くねじを右ねじといい，ねじ山が左上方向を向くねじを左ねじという．一般には右ねじが用いられる．

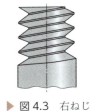

図 4.3　右ねじ

4.2 一般用メートルねじ

4.2.1 三角ねじ

ねじ山の断面が三角形のねじを**三角ねじ** (triangular thread) という．ねじ山の角度が 60° で，おねじの外径を mm 単位で表したねじを**一般用メートルねじ** (general purpose metric screw threads) という．また，mm 単位の外径を**呼び径** (nominal diameter) という[33]．

ねじの各部分の名称を**図 4.4** に示す．おねじでは，d を**外径**，d_1 を**谷の径**，d_3 を**谷底の径**，d_2 を**有効径**という．めねじでは，D を谷の径，D_1 を内径，D_2 を有効径という．有効径とは，図でおねじ部の切断長さとめねじ部の切断長さが等しくなる円筒の直径であり，ねじの基本となる寸法で強度や精度などの検討に使われる．

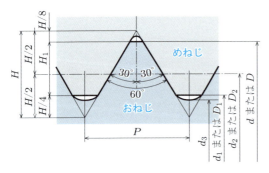

$H = 0.8660\,P$　　$H_1 = 0.5413P$

$d_2 = d - 0.6495P$　　$d_1 = d - 1.083P$

$d_3 = d - 1.227P$

図 4.4　各部の名称

図 4.5 のように，ピッチの違いによって並目（なみめ coarse）と細目（ほそめ fine）があり[34, 35]，表 4.1 から必要なピッチを選択する．

a 並目

b 細目

▶ 図 4.5　並目と細目

▶ 表 4.1　呼び径およびピッチの選択（JIS B 0205-2）抜粋（単位 [mm]）

呼び径 D, d				ピッチ P								
1欄	2欄	3欄	並目	細目								
第1選択	第2選択	第3選択		3	2	1.5	1.25	1	0.75	0.5	0.35	0.25	0.2
...	...	...	...								
12	—	—	1.75			1.5	1.25					
—	14	—	2			1.5	1.25	1				
...	...	...	...								

4.2.2 ねじの表示

一般用メートルねじを表す記号 M（**ねじの種類の略号**という）と呼び径を組み合わせたもの，たとえば M12 を**ねじの呼び**という．一般用メートルねじの表し方は，次のようにする[36]．

[ねじの呼び] × [ピッチ] [右ねじ（RH）または左ねじ（LH）]

並目ねじではピッチを省略し，右ねじの場合はその記号を省いて M12 のように表す．一般用メートルねじ（並目）がもっとも多く使われている．**表 4.2** に，一般用メートルねじ（並目）の主要寸法を示す[37]．

4.3　その他のねじ

a ユニファイねじ　おねじの外径がインチ単位で表され，ねじ山の角度が 60°で，ピッチが 1 インチ（25.4 mm）あたりのねじ山の数で表される三角ねじを**ユニファイねじ**（unified thread）という[38, 39]．ユニファイねじは航空機などに使われている．

b メートル台形ねじ　図 4.6　a に示すねじ山の断面が台形のねじで，ねじ山の角度が 30°のねじを**メートル台形ねじ**（trapezoidal thread）という[40]．表示は，

[メートル台形ねじの記号 Tr] [呼び径] × [ピッチ]

のようにし，たとえば Tr40 × 7 のように表す．

4.3　その他のねじ　67

▶ 表4.2　一般用メートルねじ（並目）の主要寸法（ JIS B 0205-2, 4 ）から作成）（単位［mm］）

ねじの呼び[1]			ピッチ P	ひっかかりの高さ H_1	めねじ			有効断面積[2] A_s [mm²]
1欄	2欄	3欄			谷の径 D	有効径 D_2	内径 D_1	
第1選択	第2選択	第3選択			おねじ			
					外径 d	有効径 d_2	谷の径 d_1	
M2			0.4	0.217	2.0	1.740	1.567	2.07
	M2.2		0.45	0.244	2.2	1.908	1.713	2.48
M2.5			0.45	0.244	2.5	2.208	2.013	3.39
M3			0.5	0.271	3.0	2.675	2.459	5.03
	M3.5		0.6	0.325	3.5	3.110	2.850	6.78
M4			0.7	0.379	4.0	3.545	3.242	8.78
	M4.5		0.75	0.406	4.5	4.013	3.688	11.3
M5			0.8	0.433	5.0	4.480	4.134	14.2
M6			1	0.541	6.0	5.350	4.917	20.1
		M7	1	0.541	7.0	6.350	5.917	28.9
M8			1.25	0.677	8.0	7.188	6.647	36.6
		M9	1.25	0.677	9.0	8.188	7.647	48.1
M10			1.5	0.812	10.0	9.026	8.376	58.0
		M11	1.5	0.812	11.0	10.026	9.376	72.3
M12			1.75	0.947	12.0	10.863	10.106	84.3
	M14		2	1.083	14.0	12.701	11.835	115
M16			2	1.083	16.0	14.701	13.835	157
	M18		2.5	1.353	18.0	16.376	15.294	192
M20			2.5	1.353	20.0	18.376	17.294	245
	M22		2.5	1.353	22.0	20.376	19.294	303
M24			3	1.624	24.0	22.051	20.752	353
	M27		3	1.624	27.0	25.051	23.752	459
M30			3.5	1.894	30.0	27.727	26.211	561
	M33		3.5	1.894	33.0	30.727	29.211	694
M36			4	2.165	36.0	33.402	31.670	817

注[1]　M2 より小さいねじと M36 より大きいねじは省略.

[2]　$A_s = \left(\dfrac{\pi}{4}\right)\left(\dfrac{d_2 + d_3}{2}\right)^2$, d_2, d_3 は図 4.4 参照.

有効径 d_2 は次のようになる.

$$d_2 = d - 0.5P \tag{4.3}$$

角ねじの特長をもちながら角ねじより加工しやすく, 精密位置決めテーブルや弁

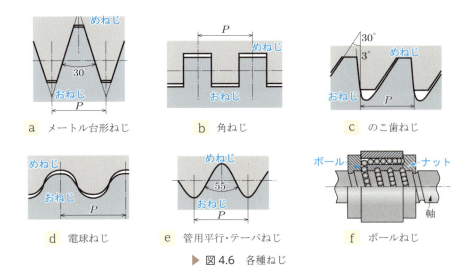

▶ 図 4.6　各種ねじ

の開閉用のねじとして使われる．

- **c　角ねじ**　図 b のように，ねじ山の断面が角形のねじである．ねじを回すときの摩擦力が三角ねじより小さいので，軸方向に大きな力を伝えたいねじプレスやジャッキなどに使われる．対応する JIS はない．

- **d　のこ歯ねじ**　図 c のように，台形ねじと角ねじの特長をもつねじで，軸方向に大きな力を伝えることができる．対応する JIS はない．

- **e　電球ねじ**　図 d のように，山と谷がほぼ同じ大きさの丸みになっているねじである[41]．薄い金属板を塑性加工してつくることができ，電球などの口金・受金に使われる．

- **f　管用ねじ**　図 e の山の角度が 55°の三角ねじで，**管用平行ねじ**[42]と**管用テーパねじ**[43]がある．たとえば管用平行ねじは G1/2（おねじの外径 20.955 mm，ねじ山数は 14 山/インチ），テーパねじは R3/4（おねじの外径 26.441 mm，ピッチは 14 山/インチ）のように表す．管用ねじは管と管，管と機械部品をつなぐ場合に使われる．

- **g　ボールねじ**　図 f のように，ねじとナットの丸溝のすき間に多数のボールを入れ，転がり接触させるねじである．摩擦力が小さいので，NC 工作機械や精密機械の送り用に使われる．

- **h　静圧ねじ**　ねじとナットの間に油溜りを設け，そこに高圧の油や空気を送って，ねじとナットが非接触で軸方向に力や変位を伝えるねじである．ねじ面は接触しない

4.3　その他のねじ　69

ので摩擦係数が小さい．超精密機械の送りねじなど，特殊な用途に用いられる．

4.4 ねじの力学
4.4.1 角ねじのねじ山にはたらく力

ねじは斜面の応用である．図 4.7 a は角ねじのねじ面を有効径の位置で展開した図であり，軸方向に荷重 Q がはたらいている物体を水平方向の力 F_1 によってリード角 β の斜面上を押し上げている状態を表している．物体をナットの一部とすれば，図 a は角ねじを締めている状態になる．

物体にはたらく水平力 F_1 と垂直荷重 Q [N] を斜面に平行な分力（物体を動かす力で添字 P）と垂直な分力（摩擦力を生じさせる力で添字 N）に分解し，F_1 [N] の分力を F_P, F_N，Q [N] の分力を Q_P, Q_N とおくと，

$$F_P = F_1 \cos\beta, \qquad F_N = F_1 \sin\beta \text{ [N]} \tag{4.4}$$
$$Q_P = Q \sin\beta, \qquad Q_N = Q \cos\beta \text{ [N]} \tag{4.5}$$

となり，斜面に垂直な力 N は，図 4.7 a と式 (4.4)，(4.5) から次のようになる．

$$N = F_N + Q_N = F_1 \sin\beta + Q \cos\beta \text{ [N]} \tag{4.6}$$

摩擦角を ρ とすれば，式 (1.4) から $\mu = \tan\rho$，$f = \mu N = \mu(F_1 \sin\beta + Q \cos\beta)$ であるので，斜面に沿った力のつりあいは次のようになる．

$$\begin{aligned}F_P - Q_P - f &= F_1 \cos\beta - Q \sin\beta - \mu(F_1 \sin\beta + Q \cos\beta) \\ &= F_1(\cos\beta - \mu\sin\beta) - Q(\sin\beta + \mu\cos\beta) = 0\end{aligned} \tag{4.7}$$

式 (4.7) から，F_1 [N] は次式になる．

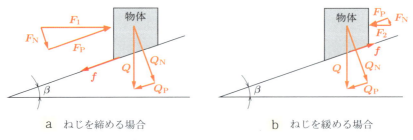

a　ねじを締める場合　　　　　　　　b　ねじを緩める場合

▶ 図 4.7　角ねじにはたらく力

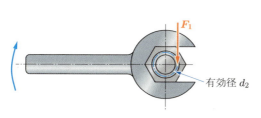
▶ 図 4.8　スパナによる締め付け

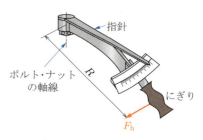
▶ 図 4.9　トルクレンチ

$$F_1 = \frac{\sin\beta + \mu\cos\beta}{\cos\beta - \mu\sin\beta}Q = \frac{\sin\beta + \tan\rho\cos\beta}{\cos\beta - \tan\rho\sin\beta}Q$$

$$= \frac{\cos\rho\sin\beta + \sin\rho\cos\beta}{\cos\rho\cos\beta - \sin\rho\sin\beta}Q = Q\tan(\rho+\beta)\,[\text{N}] \tag{4.8}$$

F_1 は，図 4.8 に示すねじの有効径 d_2 上の締め付ける力である．F_1 の最大値は物体が滑り出すときに生じるので，摩擦係数 μ には静摩擦係数を用いる．

ねじの締め付けには，図 4.8 のスパナや，図 4.9 の**トルクレンチ**（torque wrench）などの道具を用いる．締め付けトルク T_1 [N·m] は，図 4.8 のように，ねじの有効径 d_2 [m] を直径とする円の接線力 F_1 [N] により与えられるので，式 (4.8) から，

$$T_1 = \frac{F_1 d_2}{2} = \frac{Q\tan(\rho+\beta)d_2}{2}\,[\text{N·m}] \tag{4.9}$$

となる．

ねじを緩めるときの力のつりあいは，図 4.7 b のようになる．式 (4.6)〜(4.8) と同様に解けば，ねじを緩める力 F_2 [N] とトルク T_2 [N·m] は次のようになる．

$$F_2 = \frac{-\sin\beta + \tan\rho\cos\beta}{\cos\beta + \tan\rho\sin\beta}Q = Q\tan(\rho-\beta)\,[\text{N}] \tag{4.10}$$

$$T_2 = \frac{F_2 d_2}{2} = \frac{Q\tan(\rho-\beta)d_2}{2}\,[\text{N·m}] \tag{4.10b}$$

F_2 の最大値は物体が動き始めるときの力であるので，摩擦係数 μ は静摩擦係数である．

ねじが自然に緩まないための条件は $F_2 \geqq 0$ であるので，式 (4.10a) から，

$$\rho \geqq \beta \tag{4.11}$$

となる．

4.4　ねじの力学

4.4.2 三角ねじのねじ山にはたらく力

三角ねじのねじ山の角度を α ($\alpha_1 = \alpha/2$ を**フランク角**という[46]) とおけば、ねじ面に垂直な方向の力は、**図 4.10** のように $N/\cos\alpha_1$ となる。したがって、摩擦力 f' [N] は式 (1.4) の N を $N/\cos\alpha_1$ に置き換えると、

$$f' = \frac{\mu N}{\cos\alpha_1} = \left(\frac{\mu}{\cos\alpha_1}\right)N = \mu' N \, [\text{N}] \tag{4.12a}$$

$$\mu' = \frac{\mu}{\cos\alpha_1} \tag{4.12b}$$

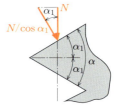

▶ 図 4.10 三角ねじにはたらく力

となる。μ' は見かけの摩擦係数であり、見かけの摩擦角 ρ' は次のようになる。

$$\rho' = \tan^{-1}\mu' \tag{4.13}$$

一般用メートルねじはフランク角 $\alpha_1 = 30°$ であるので $\mu' = 1.15\mu$ となり、摩擦係数が 15% 増えて緩みにくくなる。このようなことから、三角ねじは締め付け用、角ねじは大負荷用に適している。

一般用メートルねじを締め付ける力 F_1 [N] は、式 (4.8) の ρ を ρ' に置き換えた次式になり、トルク T_1 [N·m] は次のようになる。

$$F_1 = Q\tan(\rho' + \beta) \, [\text{N}] \tag{4.14a}$$

$$T_1 = \frac{F_1 d_2}{2} = \frac{Q\tan(\rho' + \beta)d_2}{2} \, [\text{N·m}] \tag{4.14b}$$

一般に、締め付け用のねじでは、ナットやボルト頭の座面と締め付け面の間に摩擦力が生じ、この摩擦力によるトルク T_b [N·m] が式 (4.14b) の T_1 [N·m] に加わる[44]。接触するナットやボルト頭の座面の平均半径は、六角ボルト (JIS B 1180) や六角ナット (JIS B 1181) では、約 $0.633d$ である。d はねじの呼び径である。したがって、座面の摩擦係数を μ_b とおけば、$T_b \approx Q\mu_b \times 0.633d$ [N·m] となる。T_1 に T_b が加わった全トルクを T_{1N} [N·m] とおくと、T_{1N} は次のようになる。

$$T_{1N} = \frac{Q\tan(\rho' + \beta)d_2}{2} + 0.633Q\mu_b d \, [\text{N·m}] \tag{4.15}$$

例題 4.1

一般用メートルねじ（並目）M6 を使って，2 枚の鋼板を $Q = 2$ kN の力で締め付ける．ねじ面に作用する水平力 F_1 [N]，締め付けトルク T_1 [N·m] を求めよ．ただし，ボルトとナット間の摩擦係数は $\mu = 0.15$，ナット座面と鋼板間の摩擦は無視する．

解 β と ρ'：表 4.2 からリード $l = P = 1$ [mm]，有効径 $d_2 = 5.35$ [mm]，式 (4.1) からリード角 $\beta = \tan^{-1}\{l/(\pi d_2)\} = 3.405$ [°]，式 (4.12b) から見かけの摩擦係数 $\mu' = 1.15\ \mu = 0.173$，見かけの摩擦角 $\rho' = \tan^{-1} \mu' = 9.815$ [°]．

水平力：式 (4.14a) から，$F_1 = Q \tan(\rho' + \beta) = 2000 \tan(9.815° + 3.405°) \fallingdotseq 470$ [N]．

締め付けトルク：式 (4.14b) から，$T_1 = \dfrac{F_1 d_2}{2} = \dfrac{470 \times 0.00535}{2} = 1.26$ [N·m]．

答 $T_1 = 1.26$ N·m

POINT ねじは締め付け力が過大すぎると破断することがある．製品の安全性と信頼性を保証する必要がある場合には，締め付けトルク T_{1N} をトルクレンチなどを用いて管理する．図 4.9 のトルクレンチは，長さ R の一端固定アームにかける力 F_h によるたわみがトルク $F_h R$ に比例するという特徴を利用したものである．

4.4.3 ねじの効率

　ねじに与えた仕事に対するねじがした仕事の比を**ねじの効率**という．ねじを 1 回転させたときのねじに与えた仕事は，式 (1.1) から有効径を直径とする円の接線力 F_1 と 1 周の距離 πd_2 の積 $\pi d_2 F_1$ である．$d_2 F_1/2$ は式 (4.9) のトルク T_1 であるので，ねじに与えた仕事は $\pi d_2 F_1 = 2\pi T_1$ となる．

　ねじがした仕事は，軸方向の荷重 Q [N] と 1 回転で進むリード l [m] の積 Ql [J] であるので，式 (4.1)，(4.9)，(4.14b) から，ねじの効率 η は次のようになる．

4.4　ねじの力学　73

$$\eta = \frac{Ql}{2\pi T_1} = \frac{\tan\beta}{\tan(\rho+\beta)} \quad :角ねじ \qquad (4.16a)$$

$$\eta = \frac{Ql}{2\pi T_1} = \frac{\tan\beta}{\tan(\rho'+\beta)} \quad :三角ねじ \qquad (4.16b)$$

ナット座面の摩擦を考慮するときは，式 (4.16) の T_1 を式 (4.15) の T_{1N} にする．

例題 4.2

メートル台形ねじ Tr10 × 2 の効率はいくらか．ただし，ボルトとナット間の摩擦係数は $\mu = 0.1$ とする．

解 β と ρ'：ピッチ $P = 2$ [mm]，式 (4.3)(p.68) から有効径 $d_2 = d - 0.5P = 9$ [mm]，リード $l = P$ であるので，式 (4.1)(p.65) からリード角 $\beta = \tan^{-1}\{l/(\pi d_2)\} = \tan^{-1}\{2/(9\pi)\} = 4.046$ [°]，図 4.6 a (p.69) からフランク角 $\alpha_1 = 15$ [°]，見かけの摩擦係数 $\mu' = \mu/\cos\alpha_1 = 0.1035$，見かけの摩擦角 $\rho' = \tan^{-1}\mu' = 5.909$ [°]．

効率：式 (4.16b)(p.74) から，$\eta = \dfrac{\tan\beta}{\tan(\rho'+\beta)} = \dfrac{\tan 4.046°}{\tan(5.909°+4.046°)} = 0.403 = 40.3$ [%]．

答 $\eta = 40.3\%$

4.5 一般用メートルねじのおねじの太さとはめあい長さ

4.5.1 引張荷重がはたらく場合

図 4.11 のように，おねじが軸方向に引張荷重 Q [N] を受けるとき，許容引張応力を σ_a [Pa]，おねじの有効断面積を A_s [m²] とすれば，

$$Q \leq A_s \sigma_a \text{ [N]} \qquad (4.17)$$

でなければならない．おねじの有効断面積 A_s とは，おねじの軸直角断面に現れる実体部分の面積であり，表 4.2 に示す．

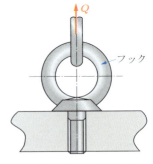

▶ 図 4.11 軸方向荷重

▶ 表 4.3　鋼製おねじ部品の機械的性質 (JIS B 1051) 抜粋)

機械的性質		強度区分						8.8	
		3.6	4.6	4.8	5.6	5.8	6.8	$d \leqq 16$	$d > 16$
引張強さ σ_B [MPa]	呼び	300	400		500		600	800	800
	最小	330	400	420	500	520	600	800	830
ビッカース硬さ [HV]	呼び	95	120	130	155	160	190	250	255
	最小	220					250	300	336
降伏点または耐力 [MPa]	呼び	180	240	320	300	400	480	640	640
	最小	190	240	340	300	420	480	640	660

　締結用おねじ部品では強度区分の標準化が進み，強度区分は小数点の付いた数字によって表される．**表 4.3** に鋼製おねじ部品の機械的性質を示す[45]．最初の数字は［MPa 単位の呼び引張強さ/100］を表し，2 番目の数字は［呼び降伏点または呼び耐力 × 10/呼び引張強さ］を示す．たとえば，強度区分 4.6 は呼び引張強さ = 4 × 100 = 400［MPa］，呼び降伏点 = 6 × 呼び引張強さ/10 = 6 × 400/10 = 240［MPa］である．

　表 4.3 に強度区分の例と最小引張強さ σ_B を示す．許容引張応力 σ_a は引張強さ σ_B に表 2.8 の安全率 S を適用して，

$$\sigma_a = \frac{\sigma_B}{S} \tag{4.18}$$

とする．式（4.17）から A_s を求め，表 4.2 から A_s を満たす呼び径 d のねじを探す．

🔧 例題 4.3

図 4.11 のボルトに引張荷重 $Q = 5$ kN がはたらいている．ボルトの許容引張応力を $\sigma_a = 60$ MPa として，使用できる一般用メートル（並目）ねじを求めよ．

解　有効断面積：式（4.17）から，$A_s \geqq \dfrac{Q}{\sigma_a} = \dfrac{5 \times 10^3}{60 \times 10^6} = 83.3 \times 10^{-6}$ [m^2]
　　　　　　p.74

$= 83.3$ [mm^2].

ねじの選定：表 4.2 から，$A_s = 84.3$ [mm^2] である M12 を選ぶ．
　　　　　　　p.68

答　M12

4.5　一般用メートルねじのおねじの太さとはめあい長さ

4.5.2 せん断荷重がはたらく場合

図 4.12 に示すようなボルトで締め付けられた 2 枚の板にせん断荷重 F_s がはたらいたときは，締め付けられた 2 枚の板の摩擦力によってこのせん断荷重に耐えるようにする．しかし，最悪のケースはボルトのせん断強さに頼ることになるが，せん断力がはたらく部分にねじ部がきている場合がもっとも危険である．したがって，この部分の強度は，許容せん断応力を τ_a，おねじの有効断面積を A_s として，

$$F_s \leqq A_s \tau_a \tag{4.19}$$

となる．式（4.19）から求めた A_s を満足するねじの呼び径を表 4.2 から選ぶ．

鋼製のねじでは，式（2.20）から，τ_a の概略値を次のようにしてもよい．

$$\tau_a \fallingdotseq 0.5 \sigma_a \tag{4.20}$$

ねじのせん断破壊を防ぐ一つの工夫として，円筒カラーを 2 枚の板の間に挿入した例を図 4.13 に示す．

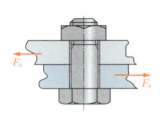

▶ 図 4.12 せん断荷重

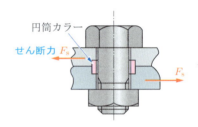

▶ 図 4.13 せん断破壊を防ぐ方法

4.5.3 軸方向荷重とねじりモーメントがはたらく場合

基礎ボルトやジャッキのねじ棒は，図 4.14 のようにスパナなどで締め付けると，軸方向に引張られると同時に，ボルト頭やナット座面と締め付け面の間の摩擦のためにねじりモーメントを受ける．この場合，引張応力 σ [Pa] とせん断応力 τ [Pa] が同時にはたらくので，これらを合成した**相当引張応力** σ_e [Pa] がはたらいているものと

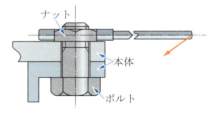

▶ 図 4.14 軸方向荷重とねじりモーメントがはたらくおねじ

する．鋼のような材料では実用上次のようにするが，相当引張応力 σ_e が許容引張応力 σ_a 以下になるようにする．

$$\sigma_e \fallingdotseq \frac{4}{3}\sigma \fallingdotseq 1.3\sigma \leqq \sigma_a \text{ [Pa]} \tag{4.21}$$

▌4.5.4 ねじのはめあい長さとねじ山の数

ねじ込み部分を**はめあい長さ** L [m] という．L の端部はねじ山が完全な形ではないので，ねじ山の数を z とするとき，はめあい長さ L は近似的に次のようになる．

$$L - 0.5P = Pz \text{ [m]} \tag{4.22a}$$
$$L = P(z + 0.5) \text{ [m]} \tag{4.22b}$$

はめあい長さを決める式 (4.22a)，(4.22b) のねじ山の数 z は，ねじ山の根元に生じるせん断応力とねじ面の接触面圧が許容値を超えないように決める．

a ねじ山の根元に生じるせん断応力
図 4.15 のように，おねじまたはめねじの山の根元に生じるせん断応力 τ が許容せん断応力 τ_a を超えないようにする．おねじとめねじの許容せん断応力 τ_a が等しい場合は，軸方向荷重を Q [N] として，おねじの山の根元に生じるせん断応力が次式を満たすようにする．

$$\tau = \frac{Q}{\chi \pi d_1 Pz} \leqq \tau_a \text{ [Pa]} \tag{4.23}$$

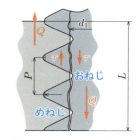

▶ 図 4.15　ねじ山のせん断破壊

ここで，χ(カイ)は実際の谷の径が d_1 より小さいことを考慮した係数で $\chi = 0.8$，$\pi d_1 Pz$ [m²] は図 4.15 のおねじの谷の径 d_1 [m] を直径とする長さ Pz [m] の円筒面の面積である．τ_a は式 (4.20) を用いてもよい．

式 (4.22b) を満たしていれば，一般にはめあい長さ L は次のようにすることが多い．

$$L = d : \text{軟鋼・青銅}, \quad L = 1.3d : \text{鋳鉄}, \quad L = 1.8d : \text{軽合金} \tag{4.24}$$

b ねじ面の接触面圧
図 4.16 のように，おねじとめねじのひっかかりの高さ H_1 には

たらくねじ面の平均接触面圧 q が許容接触面圧 q_a を超えないようにする．軸方向に荷重 Q [N] が作用するとき，ねじ面の平均接触面圧 q [Pa] が次式を満たすようにする．

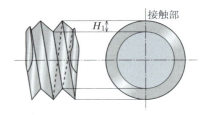

▶ 図 4.16　接触面の許容接触面圧

$$q = \frac{Q}{z \pi d_2 H_1} \leq q_a \text{ [Pa]} \quad (4.25)$$

ここで，q_a [Pa] は**表 4.4** の**許容接触面圧**（allowable contact surface pressure）であり，ひっかかりの高さ H_1 [m] は表 4.2 に与えられている．とくに送り用のねじでは，表 4.4 をもとに接触面圧が適切になるように配慮する必要がある．

▶ 表 4.4　ねじの許容接触面圧 q_a

	おねじの材料	めねじの材料	許容接触面圧 q_a [MPa]
締め付け用	軟鋼	軟鋼または青銅	29.4
	硬鋼	軟鋼または青銅	39.2
	硬鋼	鋳鉄	14.7

	おねじの材料	鋼				
送り用	めねじの材料	青銅	鋳鉄	青銅	鋳鉄	青銅
	滑り速度 [m/min]	低速	3.0以下	3.4以下	6.0〜12.0	15.0以下
	許容接触面圧 q_a [MPa]	18〜25	11〜18	13〜18	6〜10	4〜7	1〜2

例題 4.4

M10 のボルトを高さ 8 mm のナットにねじ込んで軸方向荷重 $Q = 2$ kN で引張るとき，ねじ山の根元に生じるせん断応力 τ と平均接触面圧 q を求めよ．

解　ねじ関連の諸元：表 4.2（p.68）から $P = 1.5 \times 10^{-3}$ [m]，$d_1 = 8.376 \times 10^{-3}$ [m]，$d_2 = 9.026 \times 10^{-3}$ [m]，$H_1 = 0.812 \times 10^{-3}$ [m]，$Q = 2 \times 10^3$ [N]，$\chi = 0.8$，はめあい長さ L はナットの高さ 8 mm に相当するので，式 (4.22a)（p.77）から $Pz = L - 0.5P = 7.25 \times 10^{-3}$ [m] である．したがって，

78　●Chapter4　ね　じ

$$z = \frac{7.25 \times 10^{-3}}{P} = 4.83$$

せん断応力 τ と接触面圧 q：式 (4.23) と (4.25) から，
$$\tau = \frac{Q}{\chi \pi d_1 P z} = \frac{2 \times 10^3}{0.1527 \times 10^{-3}} = 13.1 \times 10^6 \,[\text{Pa}] = 13.1\,[\text{MPa}]$$

$$q = \frac{Q}{z \pi d_2 H_1} = \frac{2 \times 10^3}{0.1111 \times 10^{-3}} = 18.0 \times 10^6 \,[\text{Pa}] = 18.0\,[\text{MPa}]$$

答 $\tau = 13.1$ MPa, $q = 18.0$ MPa

4.6 ねじ部品

主なねじ部品を次にあげる．

4.6.1 ボルト・ナット

ボルト・ナット (bolt and nut) は，もっとも広く使われている締結用機械要素である．部品どうしを固定することが目的であり，多くの種類が標準化されている．固定のしかたによって，図 4.17 のように**通しボルト**，**押えボルト**，**植込みボルト**などがある．図 4.18 は特殊なボルト・ナットの例である．

4.6.2 小ねじ

図 4.19 のような軸径の小さい頭付きのねじを**小ねじ** (machine screw) といい，なべ小ねじ・皿小ねじ・丸皿小ねじでは M1〜M8 をいう[46]．頭の部分にはすりわり付き，十字穴付きがあり，それに合った工具を用いて締めたり緩めたりする．

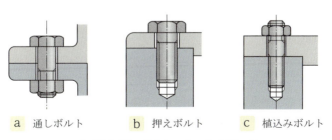

a 通しボルト　　b 押えボルト　　c 植込みボルト

▶ 図 4.17　ボルト・ナットの使い方

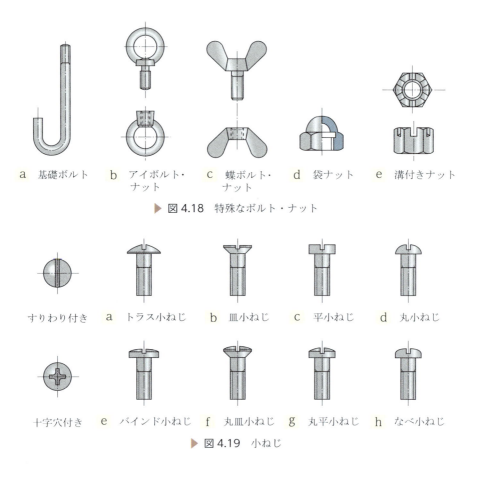

▶ 図 4.18 特殊なボルト・ナット

▶ 図 4.19 小ねじ

4.6.3 止めねじ

部品を固定するためのねじの一種で，先端形状によって**図 4.20**のような種類がある．頭には，すりわり付きや六角穴付きなどがある．

4.6.4 その他のねじ

特殊なねじとして，**図 4.21**の**タッピンねじ**や**木ねじ**がある．タッピンねじは，めねじが切られていない穴だけの薄い板や軟らかい材料に自分でめねじを加工しながら締め付けるねじである．木ねじは固定したい材料が木材の場合に使われる．

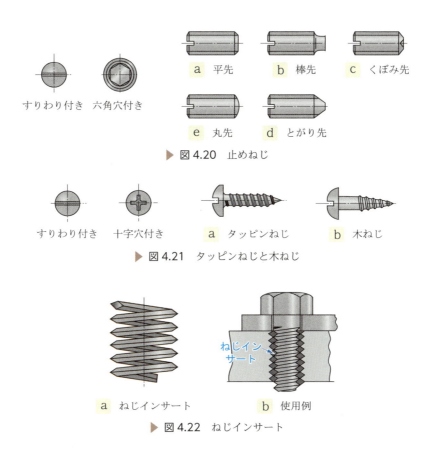

▶ 図 4.20 止めねじ

▶ 図 4.21 タッピンねじと木ねじ

▶ 図 4.22 ねじインサート

4.6.5 ねじインサート

めねじが切られる材料が軟らかい場合，図 4.22 の**ねじインサート**が用いられる（JIS B 0002-2）．ねじインサートの外径はおねじの外径より大きいので，めねじのねじ面にはたらく力は小さくなる．また，損傷しためねじの補修にも使われる．

4.7 ねじの緩み止め

式（4.11）のように，摩擦角 ρ がリード角 β 以上であれば，ねじは自然に緩むことはない．しかし，機械が振動や衝撃力を受けると，接触面の細かい凹凸が変形したりねじ部分が動いたりして，ねじの締め付け力が弱くなり，ねじが緩んだり脱落することがある．これは大事故につながるおそれがあるので，ねじの緩み止めは重要な配慮事項である．緩み止めの工夫の例を図 4.23 に示す．

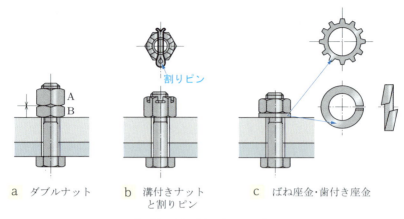

▶ 図 4.23　緩み止めの工夫

　図 4.23 a は，**ダブルナット方式**とよばれる．ナットを B，A の順に締め付けた後，B のナットだけを少し緩めて A のナットに強く押しつける．この操作によってねじ面に大きな摩擦力が生じ，緩みにくくなる．この場合，ナット A が負荷を受けもつので，B は低ナット（高さが小さいナット）としてもよい．

　図 b はボルトとナットの間に**割りピン**を挿入して緩みを防ぐ工夫である．

　図 c は**ばね座金**や**歯付き座金**[47]を用いた例であり，座金がばねのはたらきをして，ねじが緩みにくくなる．
　　　spring washer　toothed lock washer

chapter 4 演習問題　　　解答は p.215

4.1　各種のねじについて，それぞれの主な用途を調べよ．　4.2 節　4.3 節

4.2　外径 $d = 20$ mm，有効径 $d_2 = 18$ mm，ピッチ $P = 4$ mm の角ねじの効率を求めよ．ただし，摩擦係数を $\mu = 0.15$ とする．　4.1 節　4.4 節

4.3　一般用メートルねじ M20 の効率を求めよ．ただし，摩擦係数を $\mu = 0.15$ とする．　4.2 節　4.4 節

4.4　図 4.11 のような軟鋼製フックが，荷重 $Q = 30$ kN に耐えるのに必要な一般用メートルねじ（並目）を求めよ．ただし，ボルト材の許容引張応力を $\sigma_a = 40$ MPa とする．　4.5 節

☐ **4.5** 内圧 $p = 2$ MPa が作用する内径 $d_i = 300$ mm のシリンダの端カバー（鏡板）を 8 本のボルトで取り付ける．ボルトの許容引張応力を $\sigma_a = 40$ MPa とするとき，一般用メートルねじ（並目）を求めよ． <u>4.5 節</u>

☐ **4.6** メートル台形ねじ Tr 40 × 7 を用いたジャッキがある．長さ $R = 2$ m のハンドルを使って $Q = 12$ kN の物体をもち上げたい．ハンドルにかける力 F_h を求めよ．ただし，ねじ部の摩擦係数を $\mu = 0.15$ とする．

<u>4.4 節</u>

☐ **4.7** 移動用，締結用それぞれに適するねじ山はどのような形がよいか．また，その理由も述べよ． <u>4.4 節</u>

☐ **4.8** ねじの強度区分 4.8 のボルトが，$Q = 50$ kN の静的荷重を受けている．この荷重に耐えられる一般用メートルねじ（並目）を選べ． <u>4.5 節</u>

☐ **4.9** 引張荷重 $Q = 10$ kN を受ける一般用メートルねじ（並目）のアイボルトの外径と，はめあい長さを求めよ．ただし，許容引張応力を $\sigma_a = 80$ MPa，許容せん断応力を $\tau_a = 40$ MPa とする． <u>4.5 節</u>

☐ **4.10** M12 を山数 $z = 10$ のはめあい長さで送り用に用いるとき，使用できる軸方向の最大負荷を求めよ．ただし，おねじは鋼製，めねじは青銅製，滑り速度は低速とする． <u>4.5 節</u>

☐ **4.11** ねじの緩み止めには図 4.23 以外にどんな工夫がされているか，調べよ． <u>4.7 節</u>

演習問題 83

chapter 5 軸・軸継手

キーワード
●軸 ●キー ●スプライン ●セレーション
●軸継手 ●アクチュエータ

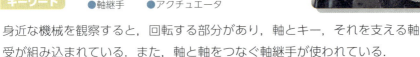

身近な機械を観察すると，回転する部分があり，軸とキー，それを支える軸受が組み込まれている．また，軸と軸をつなぐ軸継手が使われている．

5.1 軸の種類

軸はトルクや回転を伝達する機械要素であり，機械設計における軸とは，一般に，円形断面のものをいう．軸は大きく分けると次のようになる．

a 車軸 図 5.1 a に示す鉄道車両などに用いられる軸で，図 2.7 のように主に曲げ荷重を受ける軸を**車軸**という． axle

b 主軸 工作機械などの軸のように，高い精度や耐摩耗性が要求される軸を**主軸**という． shaft

c プロペラ軸 動力を伝える比較的長い軸を**プロペラ軸**という． propeller shaft

d クランク軸 図 b のように，往復運動を回転運動に変換する軸を**クランク軸**という． crank shaft

e たわみ軸 図 c のように，軸がたわんでもトルクや回転が伝達できる軸を**たわみ軸**という． flexible shaft

a 車軸　　　b クランク軸　　　c たわみ軸

▶ 図 5.1 軸の種類

5.2 軸の設計

軸の設計で心掛けることは，軸が破壊しないように軸に生じる最大応力を許容応力以下にすること，振動などを生じさせないように軸のねじり剛性や曲げ剛性を高くすること，高速回転する軸に対して危険速度を確認することなどである．なお，

第2章で用いた用語「ねじりモーメント」は，軸などでは同義の用語「トルク」が用いられる．

5.2.1 軸の強度

a ねじりだけを受ける軸　動力 P [W]，回転速度 n [min^{-1}] のモータが伝達するトルク T [N·m] は，式 (1.8) から次のようになる．

$$T = \frac{30P}{\pi n} = \frac{9.549P}{n} \text{ [N·m]} \tag{5.1}$$

トルク T [N·m] がはたらく直径 d [m] の軸では，最大のせん断応力 $\tau_{\max}$ [Pa] が外周に生じ，式 (2.12) から $\tau_{\max} = T/Z_\mathrm{P}$ [Pa] になる．Z_P [m^3] は表 2.5 に示す極断面係数である．軸の直径 d [m] は，式 (2.13) において $\tau_{\max}$ を許容せん断応力 τ_a [Pa] に置き換えて，

$$d \geqq \sqrt[3]{\frac{16T}{\pi \tau_\mathrm{a}}} = \sqrt[3]{\frac{16 \times 9.549P}{\pi \tau_\mathrm{a} n}} \text{ [m]} \tag{5.2}$$

になる．許容せん断応力 τ_a は，式 (2.20) の概略値 $\tau_\mathrm{a} \fallingdotseq 0.5\sigma_\mathrm{a}$ としてもよい．

軸の直径は，**表 5.1** から決めることが望ましい[48]．

▶ 表 5.1　軸の直径（JIS B 0903 抜粋）（単位 [mm]）

6	11	19	28	40	55	70	90
7	12	20	30	42	56	71	95
8	14	22	32	45	60	75	100
9	16	24	35	48	63	80	110
10	18	25	38	50	65	85	120

例題 5.1

外径 $d_2 = 50$ mm，内径 $d_1 = 30$ mm の一様断面の中空軸がある．ねじりに対して，この軸と同じ強さをもつ断面一様の中実軸の直径 d を求めよ．また，軸に使われる材料の量を比較せよ．

解　**ヒント**　「中空軸と中実軸が同じねじり強さをもつ」とは，両者の最大せん断応力が等しいこと，すなわち両者の極断面係数 Z_P（表 2.5）が等しいことである．

極断面係数：表 2.5 から，中空軸では $Z_\mathrm{P} = \dfrac{\pi(d_2^4 - d_1^4)}{16 d_2}$，中実軸では $Z_\mathrm{P} = \dfrac{\pi d^3}{16}$，両者は等しいので，$d = \sqrt[3]{\dfrac{d_2^4 - d_1^4}{d_2}} = 4.77 \times 10^{-2}$ [m] = 47.7 [mm].

断面積比較：一様断面であるので，材料の量は断面積で比較すればよい．
中空軸断面積 $= \dfrac{\pi(d_2^2 - d_1^2)}{4} = 1.257 \times 10^{-3}$ [m^2]，中実軸断面積 $= \dfrac{\pi d^2}{4} = 1.787 \times 10^{-3}$ [m^2]，$\dfrac{\text{中実軸断面積}}{\text{中空軸断面積}} = \dfrac{1.787 \times 10^{-3}}{1.257 \times 10^{-3}} = 1.42$.

答 $d = 47.7$ mm，中実軸のほうが約 1.4 倍の量の材料が必要．

視点 この特長から，貨物自動車のプロペラシャフトなどに中空軸が使われている．

例題 5.2

動力 $P = 5.5$ kW を回転速度 $n = 800$ min^{-1} で伝達する回転軸の直径 d を求めよ．ただし，軸の材料の許容せん断応力を $\tau_\mathrm{a} = 40$ MPa とする．

解 式 (5.2) から，
$$d \geq \sqrt[3]{\dfrac{16 \times 9.549 P}{\pi \tau_\mathrm{a} n}} = \sqrt[3]{\dfrac{840 \times 10^3}{100.5 \times 10^9}} = 0.0203 \,[\mathrm{m}] = 20.3 \,[\mathrm{mm}]$$
表 5.1 より，$d = 22$ [mm]．

答 $d = 22$ mm

b 曲げだけを受ける軸 車軸などでは曲げ荷重が大きくトルクは小さいので，曲げから軸の直径を求める．軸に曲げモーメント M [N·m] がはたらいたとき，最大曲げ応力 σ_b が許容曲げ応力以下になる軸の直径 d [m] は，式 (2.8) において σ_b を許容曲げ応力 σ_a [Pa] に置き換えて，

$$d \geq \sqrt[3]{\dfrac{32 M}{\pi \sigma_\mathrm{a}}} \,[\mathrm{m}] \tag{5.3}$$

となる．軸の直径は，表 5.1 から選ぶことが望ましい．

c ねじりと曲げを受ける軸 図 5.2 のように，歯車やベルト車が付いた軸には，トル

ク T [N·m] と曲げモーメント M [N·m] が同時に作用する．この場合は，最大せん断応力説（2.6 節参照）から導かれた次の**相当ねじりモーメント** (equivalent torsional moment) T_e [N·m] と**相当曲げモーメント** (equivalent bending moment) M_e [N·m] に換算して，軸の直径 d [m] を求める．

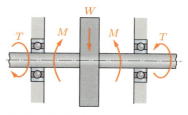

▶ 図 5.2　曲げとねじりを受ける軸

$$T_e = \sqrt{M^2 + T^2} \text{ [N·m]} \tag{5.4a}$$

$$M_e = \frac{1}{2}(M + \sqrt{M^2 + T^2})$$

$$= \frac{1}{2}(M + T_e) \text{ [N·m]} \tag{5.4b}$$

T の代わりに T_e を用いた式 (5.2) の d と，M を M_e に置き換えた式 (5.3) の d の両者を満たすように，軸の直径 d を表 5.1 から選ぶとよい．

例題 5.3

図 5.2 の軸は回転速度 $n = 620 \text{ min}^{-1}$ で動力 $P = 2.2 \text{ kW}$ を伝え，軸中央部に取り付けられた歯車にラジアル荷重 $W = 420 \text{ N}$ がはたらいている．軸受間の軸長さが $l = 240 \text{ mm}$ のとき，軸の直径 d を求めよ．ただし，軸の許容曲げ応力を $\sigma_a = 120 \text{ MPa}$，許容せん断応力を $\tau_a = 60 \text{ MPa}$ とする．

解　相当モーメント：式 (5.1)（p.85）から伝達トルク $T = 9.549 P/n = 33.88$ [N·m]，曲げモーメント $M = \dfrac{W}{2} \cdot \dfrac{l}{2} = 25.2$ [N·m]，式 (5.4)（p.87）から相当ねじりモーメント $T_e = \sqrt{M^2 + T^2} = 42.22$ [N·m]，相当曲げモーメント $M_e = \dfrac{M + T_e}{2} = 33.71$ [N·m].

軸直径：式 (5.2)（p.85）から $d \geqq \sqrt[3]{\dfrac{16 T_e}{\pi \tau_a}} = 0.0153$ [m] $= 15.3$ [mm]，式 (5.3)（p.86）から $d \geqq \sqrt[3]{\dfrac{32 M_e}{\pi \sigma_a}} = 0.01420$ [m] $= 14.2$ [mm].

表 5.1（p.85）から，大きい値の 15.3 [mm] を満たす $d = 16$ [mm] を選ぶ．

答　$d = 16$ mm

5.2.2 ねじり剛性と曲げ剛性

工作機械の主軸などでは高い回転精度が要求されるので，ねじり剛性や曲げ剛性を考慮して，軸の変形を小さくする設計を行う．

a ねじり剛性による軸 図5.3のように，直径 d [m]，長さ l [m] の軸にトルク T [N·m] がはたらくときのねじれ角 ψ（プサイ）[rad] は，式 (2.14) から $\psi = Tl/GI_P$ である．G [Pa] は横弾性係数，I_P [m^4] は断面二次極モーメントである．

軸のねじれ剛性の設計では，単位長さ（1 m）のねじれ角 $\theta = \psi/l$ [rad/m] が用いられる．θ を**比ねじれ角**という．式 (2.15) から，軸の直径 d [m] は，

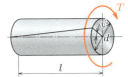

▶ 図5.3 ねじれによる変形

$$d \geq \sqrt[4]{\frac{32T}{\pi G \theta}} \quad [\text{m}] \tag{5.5}$$

となる．比ねじれ角 θ は，一般に，1/3 [°/m] や 1/4 [°/m] にすることが多い．

⚙ 例題 5.4

回転速度 $n = 180$ min^{-1} で動力 $P = 1.75$ kW を伝えている軸の直径 d を，ねじり剛性を考慮して求めよ．ただし，比ねじれ角を $\theta = 1/4°$/m，横弾性係数を $G = 80$ GPa とする．

解 $\theta = \dfrac{1}{4}$ [°/m] $= 4.363 \times 10^{-3}$ [rad/m]，式 (5.1)（p.85）から $T = \dfrac{9.549P}{n}$

$= \dfrac{16.71 \times 10^3}{180} = 92.84$ [N·m]，式 (5.5)（p.88）から $d \geq \sqrt[4]{\dfrac{32T}{\pi G \theta}} = 0.0406$

[m] $= 40.6$ [mm]．

表 5.1（p.85）から，$d = 42$ [mm] を選ぶ．

答 $d = 42$ mm

b 曲げ剛性による軸 図5.4のように，歯車の付いた回転軸のたわみ δ が大きいと，歯車のかみあいが正常に行われなくなる．また，軸受の位置での軸の**たわみ角** i（表 2.4 のはりの傾斜 i と同義で，軸ではたわみ角という）が大きいと，軸受の損傷の原因になる．そのために，軸のたわみ δ やたわみ角 i が許容値を超えないように，軸

の**曲げ剛性**（曲げ剛さともいう）を検討しなければならない．

軸受間の距離を l [m], a [m] の位置に作用する集中荷重を W [N] とすると，最大たわみ δ [m] は式（2.9），最大たわみ角 i [rad] は式（2.10）から次のようになる．

$$\delta = \frac{\chi_1 W l^3}{EI} \text{ [m]} \tag{5.6}$$

$$i = \frac{\chi_2 W l^2}{EI} \text{ [rad]} \tag{5.7}$$

ここで，E [Pa] は縦弾性係数，I [m^4] は表 2.3 の断面二次モーメント，χ_1, χ_2 は荷重条件と軸の支持方法によって決まる表 2.4 の係数である．

単位長さあたりの曲げたわみ δ/l が与えられたときの軸の直径 d [m] は，表 2.3 により $I = \pi d^4/64$ [m^4] であるので，式（5.6）から，

$$d \geq \sqrt[4]{\frac{64\chi_1 W l^2}{\pi E (\delta/l)}} \text{ [m]} \tag{5.8}$$

となり，最大たわみ角 i [rad] が与えられたときの軸直径 d [m] は，式（5.7）から，

$$d \geq \sqrt[4]{\frac{64\chi_2 W l^2}{\pi E i}} \text{ [m]} \tag{5.9}$$

となる．単位長さあたりのたわみ δ/l とたわみ角 i の許容値の例を**表 5.2** に示す．

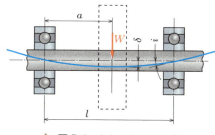

▶ 図 5.4　たわみとたわみ角

▶ 表 5.2　たわみとたわみ角の許容値

	δ/l	i [rad]
一般伝動軸	1/1200	1/1000
歯車伝動軸	1/3000	1/1000

5.2.3　軸の危険速度

軸の回転速度が高くなって軸の固有振動数に近づくと，軸は大きく振動し，最悪の場合には破壊する．このような最悪の場合の回転速度を**危険速度** critical speed という．

a　軸だけによる危険速度　図 5.5 のように，単純支持された一様断面の軸が回転して

いるとき，危険速度 n_{c0} [min^{-1}] は次のようになる．

$$n_{c0} = \frac{30\pi}{l^2}\sqrt{\frac{EI}{\rho A}} \text{ [min}^{-1}\text{]} \quad (5.10)$$

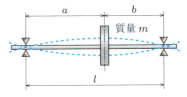

▶ 図 5.5 危険速度での軸のたわみ

ここで，l [m] は軸受間距離，ρ [kg/m^3] は軸材料の密度，A [m^2] は軸の断面積，E [Pa] は縦弾性係数，I [m^4] は断面二次モーメントである．

b 回転体 1 個が軸に付いたときの危険速度 図 5.5 のように，質量 m [kg] の回転体が 1 個付いたとき，軸の質量がないものとした危険速度 n_{c1} [min^{-1}] は次のようになる．

$$n_{c1} = \frac{30}{\pi}\sqrt{\frac{k}{m}} \text{ [min}^{-1}\text{]} \quad (5.11)$$

ここで，k はばね定数 $k = W/\delta$ [N/m] であり，δ [m] は荷重点での軸の静的たわみである．式 (2.9) と表 2.4 (c) から，

$$k = \frac{W}{\delta} = \frac{3l^4}{a^2b^2}\cdot\frac{EI}{l^3} = \frac{3EIl}{a^2b^2} \text{ [N/m]} \quad (5.12)$$

となり，式 (5.11) は次のようになる．

$$n_{c1} = \frac{30}{\pi ab}\sqrt{\frac{3EIl}{m}} \text{ [min}^{-1}\text{]} \quad (5.13)$$

c 複数の回転体と軸の質量を考慮した危険速度 この問題は，取扱いが単純な**ダンカレーの方法** (Dunkerley's method) によって解くことにする[49]．N 個の回転体が軸に付いたときの危険速度 n_c [min^{-1}] は，式 (5.10) の軸だけの場合の危険速度を n_{c0} [min^{-1}]，式 (5.13) において添字 1 を j に置き換えた j 番目の回転体だけによる危険速度を n_{cj} [min^{-1}] とおけば，次のようになる．

$$\frac{1}{n_c^2} = \frac{1}{n_{c0}^2} + \frac{1}{n_{c1}^2} + \frac{1}{n_{c2}^2} + \cdots + \frac{1}{n_{cN}^2} \quad (5.14)$$

軸の回転速度 n は，危険速度 n_c より低くすることが望ましい．

5.3 キー

キー (key) は，軸と歯車やプーリなどのボスの間でトルクや回転を伝える役目を担う機械要素である．キーの材料は引張強さ $\sigma_B \geqq 600$ MPa，許容せん断応力 $\tau_a = 30\sim40$ MPa，許容面圧 $p_m = 100\sim150$ MPa の炭素鋼などを用いることが多い．

5.3.1 キーの種類

代表的なキーの種類を図 5.6 に示す．

a 平行キー 図 a はもっとも広く使われている平行キーである．ほかに，断面が長方形のキーには，こう配キー，頭付きこう配キー，半月キーなどがある．表 5.3 に平行キーとキー溝の寸法を示す[50]．

b くらキー 図 b のように，軸にキー溝を加工しないで，軸の外周の形に合わせたキーをボスに打ち込んで固定する．大きなトルクは伝えられないが，軸にキー溝を加工しなくてもよいという利点がある．

c 平キー 図 c のように，キーが接触する軸の部分を平らにした構造で，くらキーより大きなトルクが伝達できる．くらキーと同様に，軸にキー溝を加工しなくてもよい．

d 滑りキー 平行キーの一種で，ボスが軸方向に移動することができる．キーは軸ま

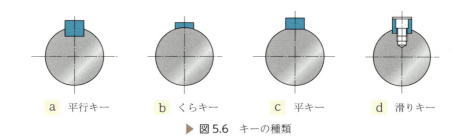

| a 平行キー | b くらキー | c 平キー | d 滑りキー |

▶ 図 5.6　キーの種類

▶ 表 5.3　平行キーとキー溝の寸法（JIS B 1301）より抜粋）（単位 [mm]）

キーの呼び寸法 $b \times h$	キー溝の基準寸法 t_1	t_2	適応する軸の直径 d（参考）
2 × 2	1.2	1.0	6〜8 ❶
3 × 3	1.8	1.4	8〜10
4 × 4	2.5	1.8	10〜12
5 × 5	3.0	2.3	12〜17
6 × 6	3.5	2.8	17〜22
8 × 7	4.0	3.3	22〜30
10 × 8	5.0	3.3	30〜38
12 × 8	5.0	3.3	38〜44
14 × 9	5.5	3.8	44〜50
16 × 10	6.0	4.3	50〜58
18 × 11	7.0	4.4	58〜65

注❶　軸の直径の 6〜8 は，6 を超え 8 以下を表す．

たはボスに固定される．トルクを伝えながら移動するので，大きなトルクは伝えられない．

5.3.2 キーの強度

キーの強度は，せん断破壊しないこと，キー溝側面の接触面圧に耐えること，キー溝に生じる応力集中に耐えることの3点について検討すればよい．ここでは，広く使われている図5.6 a の平行キーを扱う．

a キーのせん断 図5.7のように，軸の直径を d [m]，伝達トルクを T [N·m] とすると，式 (1.9) から軸の外周にはたらく接線力 F [N] は，

$$F = \frac{2T}{d} \,[\mathrm{N}] \tag{5.15}$$

となる．したがって，キーにはたらくせん断応力 τ [Pa] は，図5.7と式 (5.15) から，

$$\tau = \frac{F}{bl} = \frac{2T}{bld} \leqq \tau_a \,[\mathrm{Pa}] \tag{5.16}$$

となる．ここで，b [m] はキーの幅，l [m] はキー溝に接触しているキーの長さである．

式 (5.16) を満足するキーの寸法を表5.3から選ぶ．また，許容せん断応力 τ_a は，一般に $\sigma_B/9$ 以下にすればよい．

b キーの面圧 図5.7のように，軸の外周にはたらく接線力を F [N]，キーの高さを h [m]，キー溝に接触しているキーの長さ（最小値）を l [m]，キー溝の深さを近似的に $h/2$ [m] とする．キーの接触面に生じる面圧 p [Pa] は，次式のように許容面圧 p_m [Pa] 以下になるようにする．

$$p = \frac{F}{(h/2)l} = \frac{4T}{dhl} \leqq p_m \,[\mathrm{Pa}] \tag{5.17}$$

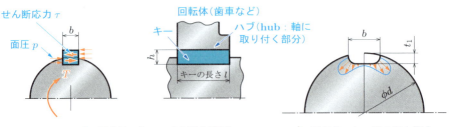

▶ 図5.7 キーのせん断と面圧　　▶ 図5.8 キー溝の応力集中

式（5.17）を満たすキーの寸法を表 5.3 から選ぶ．p_m の許容値は経験から $p_m =$ (1/3〜1/5) σ_B とすればよい．

c キー溝の応力集中 軸にトルクがはたらくと，**図 5.8** のように，キー溝の隅（すみ）に応力集中が生じる．応力集中を考慮したときのキー溝がある軸とない軸の許容せん断応力の比 e_s は，次のように表される[51]．

$$e_s = \frac{\text{キー溝がある軸の許容せん断応力}}{\text{キー溝がない軸の許容せん断応力}}$$

$$= 1.0 - \frac{0.2b + 1.1t_1}{d} \tag{5.18}$$

ここで，d [m] は軸の直径，b, t_1 [m] は表 5.3 のキー溝の幅と深さである．

表に示す軸の直径の範囲では，式（5.18）は $e_s = 0.75$〜0.8 になるので，$e_s = 0.75$ とすると，式（5.2）は次のようになる．

$$d \geqq \sqrt[3]{\frac{16T}{0.75\pi\tau_a}} = \sqrt[3]{\frac{16 \times 9.549P}{0.75\pi\tau_a n}} \text{ [m]} \tag{5.19}$$

⚙ 例題 5.5

直径 $d = 42$ mm の軸がトルク $T = 1100$ N·m を伝えている．平行キーの $b \times h$ が 12 mm × 8 mm，キー溝に接触しているキーの長さが $l = 160$ mm，許容せん断応力が $\tau_a = 52$ MPa，許容面圧が $p_m = 140$ MPa のとき，キーの強度を検討せよ．

解 **キーのせん断応力**：式（5.16）から $\tau = \dfrac{2T}{bld} = \dfrac{2.2 \times 10^3}{80.64 \times 10^{-6}} = 27.3 \times$ p.92

10^6 [Pa] $= 27.3$ [MPa] $< \tau_a = 52$ [MPa] となって，強度は十分である．

キー側面の面圧：式（5.17）から $\dfrac{4T}{dhl} = \dfrac{4.4 \times 10^3}{53.8 \times 10^{-6}} = 81.8 \times 10^6$ [Pa] p.92

$= 81.8$ [MPa] $< p_m = 140$ [MPa] となって，強度は十分である．

答 せん断と面圧に対する強度は十分である．

・5.4 スプライン・セレーション

5.4.1 スプライン

図 **5.9** のように，多数の溝をもつ軸とボスがはまりあって回転を伝える機械要

素が**スプライン**や**セレーション**である．多数の溝によってトルクを伝えるので，
spline　　　serration
キーより大きい動力を伝達することができ，軸方向の移動もできる．スプラインには，歯の形状が角形である図 a の**角形スプライン**[52]と，インボリュート曲線（第7章参照）である図 b の**インボリュートスプライン**がある．角形スプラインは工作機械などに多く用いられている．また，インボリュートスプラインは，軸と穴との間で自動的に中心が合うという特長がある．

　a　角形スプライン　　　b　インボリュートスプライン　　　c　三角歯セレーション
▶ 図 5.9　スプライン・セレーション

5.4.2　ボールスプライン

ボールスプライン[53]は，回転伝動と低摩擦力で軸方向に移動できる機械要素である．ロボットアームのような回転と往復動が必要とされる部分に使われる．**図5.10**はボールスプラインの例で，軸にボールが転がるための溝があり，外筒に封入されたボールが転動しながら循環する．

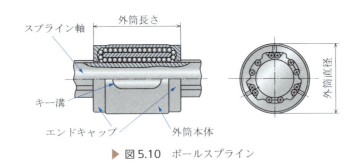

▶ 図 5.10　ボールスプライン

5.4.3　セレーション

図 5.9 c のように，スプラインの歯を細かくして歯数を増やし，大きなトルクが伝えられるようにした機械要素である．歯の形によって，**三角歯セレーション**と

インボリュートセレーションがある．

5.5 軸継手
5.5.1 軸継手の種類

軸継手 (coupling) は，軸の回転をほかの軸に伝える目的の機械要素である．軸継手には**表 5.4**に示すような種類がある．

▶ 表 5.4 軸継手の種類

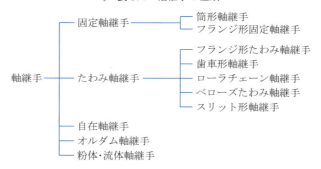

5.5.2 固定軸継手

主な固定軸継手には，**筒形軸継手**と**フランジ形固定軸継手**がある．

a　筒形軸継手　図 5.11 a のように，突き合わせた軸と軸を円筒で固定する軸継手を**筒形軸継手** (cylindrical shaft couplings) という．

b　フランジ形固定軸継手　入力軸と出力軸が取り付けられたフランジをボルトで締結する図 b の軸継手を，**フランジ形固定軸継手** (rigid flanged shaft couplings) という．この継手は固定軸継手の中でもっとも一般的なものである[54]．

5.5.3 たわみ軸継手

固定軸継手は，入力軸と出力軸の中心がよく一致していないと軸が破損するおそれがある．また，中心出しの作業は相当やっかいであるので，2軸に多少のずれがあっても使用できるようにした**たわみ軸継手**が使われるようになった．

a　フランジ形たわみ軸継手　ボルトにはさまれたゴムなどの弾性体が変形するようにした図 5.11 c の軸継手を，**フランジ形たわみ軸継手** (flexible flanged shaft couplings) という．

b　歯車形軸継手　外筒の内歯車と内筒の歯車をかみあわせる図 d の軸継手を，**歯車形軸継手** (geared type shaft couplings) という．大きなトルクを伝えることができる．

c ローラチェーン軸継手 2列のローラチェーンを2軸に取り付けたスプロケットにはめあわせた図 e の軸継手を**ローラチェーン軸継手**という．比較的大きなトルクを伝えることができ，小型軽量で分解・組立も容易であるという特長がある．
roller chain shaft couplings

d ベローズたわみ軸継手 ベローズのたわみやすさを利用した図 f の軸継手である．

e スリット形軸継手 軸が入る中空円筒にスパイラル状のスリットを入れてたわみやすくした図 g に示す軸継手である．コンパクトであり，軽トルクの伝達に用いられる．

f 金属ばね軸継手 図 h のように，板ばねのたわみを利用した軸継手である．

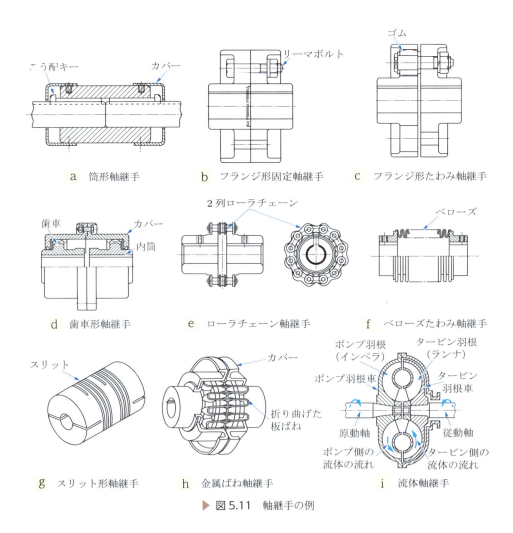

▶ 図 5.11 軸継手の例

g 流体軸継手 図 i のように，流体を介してトルクを伝える軸継手である．原動軸に付けられた**ポンプの羽根車**(impeller)を回転させて流体を**従動軸の羽根車**(runner)に送って回転を伝える．軸と軸がつながっていないので，負荷変動や過負荷を吸収することができる．

5.5.4 自在軸継手

図 5.12 の**自在軸継手**は**ユニバーサルジョイント**(universal joint)ともよばれ，図 a のように，原動軸Ⓐと従動軸Ⓑがある角度 α で交わる場合に用いられる軸継手である．原動軸Ⓐが一定の角速度で回転する場合，従動軸Ⓑの角速度は図 b の破線のように変動する．大きな変動が生じないように，一般に $\alpha \leqq 30°$ にする．

この回転変動が出力軸に影響しないように，すなわち出力軸の角速度を一定にするために軸Ⓑを中間軸とし，図 c のように $\pm\alpha$ の角度で交わる軸Ⓒを出力軸とする．ユニバーサルジョイントは，自動車のプロペラ軸などに使われている．

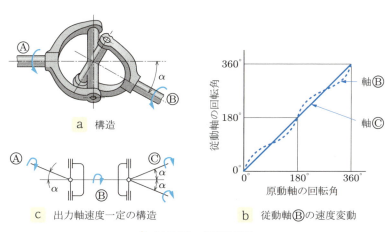

a 構造

c 出力軸速度一定の構造

b 従動軸Ⓑの速度変動

▶ 図 5.12 自在軸継手

5.5.5 オルダム軸継手

図 5.13 の**オルダム軸継手**(Oldham's shaft coupling)（オールダムとも読む）は，平行な 2 軸の中心が大きくずれていても回転を正確に伝えることができる軸継手である．

図 5.13 のフローティングカム（中間円板）Ⓑには，直交するキー状の十字形

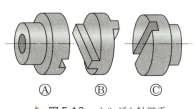

▶ 図 5.13 オルダム軸継手

突起がある．原動軸Ⓐと従動軸Ⓒの円板には，この突起がはまりあってなめらかに滑る溝がある．この三つを組み合せたものがオルダム軸継手である．Ⓑが溝に沿って大きく滑るので，高速回転には適さない．

例題5.6

図5.13のオルダム軸継手で，軸Ⓐの回転が軸Ⓒに正確に伝えられる仕組みはどうなっているか考えよ．

解 下図において，$\angle O_A O_B O_C = 90°$ である．図の幾何学的関係から，原動軸Ⓐの回転角 θ_A は従動軸Ⓒの回転角 θ_C に等しい．したがって，Ⓐの回転 θ_A は θ_C としてⒸに伝わる．

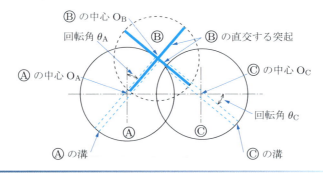

5.6 回転駆動要素

エネルギーを機械的な動きに変換して機械を駆動する装置，たとえば，電気モータや油圧シリンダ，空気圧シリンダなどを**アクチュエータ**（actuator）という．ここでは，電気モータを扱う．

a 三相誘導モータ 三相交流（AC）電源（alternative current）を利用してロータ（回転子）を回転させるモータを**三相誘導モータ**（induction motor）またはACモータという．三相交流電源の周波数を f [Hz：ヘルツ]，ステータ（固定子）の極数を P_k とするときの三相誘導モータの回転速度 n [min^{-1}] は，

$$n = \frac{120f}{P_k} [\text{min}^{-1}] \tag{5.20}$$

で与えられる．

極数 P_k は2極や4極が多く使われている．たとえば，交流電源の周波数 $f = 50$

Hz，極数 $P_k = 4$ の場合，式（5.20）から $n = 1500$ [min^{-1}] となるが，誘導モータではロータに滑りが生じるので，回転速度は 2〜3% 遅くなって 1460 [min^{-1}] のようになる．

> **POINT** 最近では，速度制御ができる AC サーボモータが使われるようになった．

b DC モータ **直流**（DC）電源を用いる DC モータは，速度制御が簡単なことから，多くの制御機器に使われている．回転速度や回転角を検出して速度や回転角を制御する DC モータを直流サーボモータという．
direct current

c ステッピングモータ パルス信号に同期して回転するモータである．ステッピングモータはパルスモータともよばれる．制御が簡単であり，複写機やプリンタなどに使われている．

---

chapter 5 演習問題
解答は p.216

5.1 回転速度 $n = 460$ min^{-1} で動力 $P = 2.2$ kW を伝えている軸の直径 d [m] を，伝達トルクから求め，表 5.1 から選べ．ただし，許容せん断応力を $\tau_a = 31$ MPa とする．
5.2 節

5.2 図 5.1 **a** の貨車用の車軸がある．$a = 220$ mm，$l = 1500$ mm，$W = 60$ kN のとき，軸の直径を求めよ．ただし，軸材料の許容曲げ応力は $\sigma_a = 38$ MPa とする．
5.2 節

5.3 図 5.2 のように，曲げとねじりを受ける軸がある．回転速度 $n = 1450$ min^{-1}，動力 $P = 1.5$ kW のモータの回転を，軸の中央に取り付けられた歯車に伝えている．軸受間の距離が $l = 1000$ mm，歯車に作用するラジアル荷重が $W = 180$ N のとき，軸の直径を求め，表 5.1 から選べ．ただし，軸の材料の引張強さを $\sigma_B = 420$ MPa とし，安全率を $S = 5$ とする．
5.2 節

5.4 動力 $P = 1.5$ kW，回転速度 $n = 260$ min^{-1} を伝える軸をねじり剛性を考慮して設計したい．軸の材料の横弾性係数が $G = 80$ GPa，比ねじれ角が $\theta = 0.25°$/m のときの軸の直径を求め，表 5.1 から選べ．
5.2 節

5.5 トルク $T = 1200$ N·m を伝える直径 $d = 60$ mm の回転軸に用いられる平行キーを表 5.3 から選び，キーの強度を検討せよ．ただし，有効にはたらくキーの長さを $l = 100$ mm，許容せん断応力を $\tau_a = 40$ MPa，許容面圧を $p_m = 120$ MPa とする． 5.3 節

5.6 長さ $l = 300$ mm の両端単純支持の鋼製の円筒軸の中央に，荷重 $W = 2$ kN が作用している．一般伝動軸に許容されるたわみ δ/l とたわみ角 i [rad] を満たすには，軸の直径 d をいくらにすればよいか．ただし，縦弾性係数を $E = 206$ GPa とする． 5.2 節

5.7 $d = 14$ mm の鋼製の円筒軸が，間隔 $l = 400$ mm の二つの軸受によって支えられている．この軸の危険速度 n_{c0} [min^{-1}] を求めよ．ただし，軸の材料の縦弾性係数を $E = 206$ GPa，密度を $\rho = 7.8 \times 10^3$ kg/m^3 とする． 5.2 節

5.8 演習問題 5.7 の軸の中央に質量 $m = 1$ kg の円板が取り付けられたとき，軸の質量も考慮した危険速度 n_c [min^{-1}] を求めよ． 5.2 節

5.9 ローラチェーン固定軸継手には，必ずカバーを付けることになっている．その理由を考えよ． 5.5 節

5.10 身の周りにはさまざまな軸継手が用いられている．どのようなものがあるか調べよ． 5.5 節

100 ● Chapter5 軸・軸継手

chapter 6 軸受

キーワード: ●ラジアル軸受 ●スラスト軸受 ●転がり軸受 ●滑り軸受

回転している軸を支えるために使われる機械要素が軸受である．ここでは，もっとも一般的に使われている転がり軸受と滑り軸受を扱う．

6.1 軸受の種類

6.1.1 軸受の分類

軸受は，作用する力の方向によって次のように分類される．

a ラジアル軸受　主にラジアル荷重用の軸受を**ラジアル軸受**(radial bearing)という．

b スラスト軸受　スラスト荷重用の軸受を**スラスト軸受**(thrust bearing)という．軸受の構造から分類すると次のようになる．

1. **転がり軸受**：内輪と外輪の間で玉やころが転動して軸を支える軸受を，**転がり軸受**(rolling bearing)という．

2. **滑り軸受**：軸と軸受のすき間に潤滑油や潤滑剤を入れて滑る軸受を，**滑り軸受**(plain bearing)という．特殊な軸受として，潤滑油の代わりに圧縮空気や圧油を供給してすき間を保つ静圧軸受，磁力によって軸を浮かせる磁気軸受などがある．

6.1.2 転がり軸受と滑り軸受の特徴

転がり軸受と滑り軸受の特徴を**表 6.1**に示す．軸受は作動条件・使用環境・コ

▶ 表 6.1 転がり軸受と滑り軸受の主な特徴[55]

荷重		転がり軸受	滑り軸受
荷重	定常的	◎	○
	起動時	◎	△
	衝撃	△	◎
回転振れ精度		○	◎
起動摩擦		○	×（静圧軸受では◎）
振動減衰		×	○
騒音		×	◎
互換性		◎	×
コスト		○	×（樹脂・焼結品は◎）

注）◎：優，○：良，△：可，×：不可

ストなどを考えて，それぞれの特徴を生かすように選択する．

6.2 転がり軸受
6.2.1 転がり軸受の種類

転がり軸受は潤滑や保守・点検・交換が容易で，大量生産品であるので安価でもある．図 6.1 に軸受の構造例を示す．**外輪**と**内輪**，玉やころなどの**転動体**と，それらがたがいに接触しないようにする**保持器**（リテーナ）からなる．

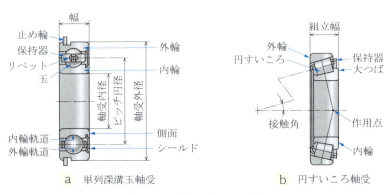

▶ 図 6.1 転がり軸受の構造

転がり軸受には，主にラジアル方向の荷重を支える**ラジアル軸受**と，スラスト荷重を支える**スラスト軸受**がある．転動体の違いによって，**玉軸受**と**ころ軸受**がある．また，転動体が 1 列のものを単列，複数並んだものを複列という．

転がり軸受の種類と系列記号を**表 6.2**[56]に示す．

a 単列深溝玉軸受　もっとも一般的な軸受である．構造が単純で，ある程度のアキシアル荷重も受けることができる．

b 単列アンギュラ玉軸受　ラジアル荷重とアキシアル荷重を同時に受けることができる．この軸受の基本的な組合せには図 6.2 に示す二つがあり，**予圧**（あらかじめ加えておくアキシアル方向の力）を与えて遊びを抑える．正面組合せは作用線がせばまるので，軸を傾きやすくしたいときなどに用いられる．一方，背面組合せは作用線が広がるので，外力に対して強い構造である．

c ピボット玉軸受　ラジアル荷重とアキシアル荷重を受けることができ，軸受の玉が円すい状の軸端を支える．きわめて軽荷重用である．

▶ 表 6.2　転がり軸受の主な種類（JIS B 1511）抜粋

形式		断面構造	系列記号	形式		断面構造	系列記号
ラジアル軸受							
ラジアル玉軸受	ラジアルコンタクト	(a) 単列深溝玉軸受		68, 69, 60, 62, 63, 64	ラジアルころ軸受	ラジアルコンタクト	(f) 円筒ころ軸受		NF2, NF3, NF4
	アンギュラコンタクト	(b) 単列アンギュラ玉軸受（α：接触角）		70, 72, 73, 74		(g) 針状ころ軸受		NA49
		(c) ピボット玉軸受		RCF	アンギュラコンタクト	(h) 円すいころ軸受		329, 320, 302, 322, 303, 323
	自動調心	(d) 複列自動調心玉軸受		12, 13, 22, 23	自動調心	(i) 自動調心ころ軸受		230, 231, 222, 232, 213, 223
スラスト軸受							
(e) スラスト玉軸受（平面座形）			511, 512, 513, 514	(j) スラスト自動調心ころ軸受			292, 293, 294

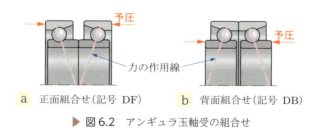

a　正面組合せ（記号 DF）　　b　背面組合せ（記号 DB）

▶ 図 6.2　アンギュラ玉軸受の組合せ

d 自動調心玉軸受　外輪の軌道面が球面状になっているので，回転軸が多少傾いても使用することができる．

e スラスト玉軸受　スラスト荷重だけを受ける軸受である．

f 円筒ころ軸受　転動体が円筒ころの軸受である．円筒ころは線接触するので，大き

な荷重を支えることができる．

g **針状ころ軸受**　ニードルベアリングともいい，ころ軸受のころより直径が小さい**針状**のころを用いた軸受である．軸受の外径が小さいという特長があるが，高速回転には向かない．

h **円すいころ軸受**　転動体が円すいころの軸受であり，大きなラジアル荷重とアキシアル荷重を受けることができる．

i **自動調心ころ軸受**　外輪の軌道面が球面状で球面ころ（たる状ころ）の転動体を用いている軸受である．自動調心作用があり，大きな荷重に耐える．

j **スラストころ軸受**　スラスト玉軸受より大きなスラスト荷重に耐えられる．

6.2.2 転がり軸受の呼び番号

転がり軸受は呼び番号によって区別する[57]．呼び番号は，次のような構成になっている．

　　　a **軸受系列記号**　b **内径番号**　c **接触角記号**　d **補助記号**

呼び番号の例を**表 6.3** に，詳細寸法を後述の表 6.5 に示す．

a **軸受系列記号**　表 6.3 のように，**形式記号**（表 6.2 に示す深溝玉軸受などの軸受の種類を表す記号）と**直径系列記号**（外径を表す直径系列と幅の系列の組合せ）からなる．一般の設計では，軸の直径が先に決められるので，軸受の内径を基準に軸受

▶ 表 6.3　転がり軸受の呼び番号の内容と配列の例

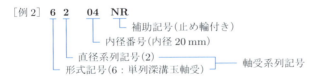

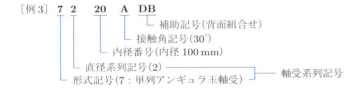

を選ぶことが多い．表 6.5 のように，直径系列は軸受の外径 D と幅 B の組合せであるので，寿命や負荷能力，取付けスペース（幅や外径）などに適合するものを選ぶ．

b 内径番号 軸が取り付けられる軸受の内径を表す番号で，内径が 20 mm 以上では内径番号の 5 倍が内径寸法 [mm] になる．

c 接触角記号 アンギュラ玉軸受に用いられる記号で，表 6.2（b）の α を接触角という．表 6.3 [例 3] の記号 A は $\alpha = 30°$ を表し，$\alpha = 40°$ には記号 B，$\alpha = 15°$ には記号 C を用いる．

d 補助記号 表 6.4 に示すシールドや止め輪付き，図 6.2 に示すアンギュラ玉軸受の組合せなどの記号であり，ほかに保持器や精度，すき間などに対応する記号がある．

▶ **表 6.4** 主な補助記号（JIS B 1513）から作成）

シールド記号（表 6.5 参照）		軌道輪形状記号（図 6.1 参照）		組合せ記号（図 6.2 参照）	
記号	内容	記号	内容	記号	内容
Z	片側鋼板シールド付き	N	外輪外径に輪溝付き	DB	背面組合せ
ZZ	両側鋼板シールド付き	NR	外輪外径に輪溝止め輪付き	DF	正面組合せ

6.2.3 転がり軸受の選定

a 転がり軸受の寿命 転がり軸受を設計・製作することはほとんどなく，軸受カタログから選定する．深溝玉軸受の例を**表 6.5** に示す．

軸受選定の基本事項は，次のようになる．

1 基本定格寿命

軸受を一定の回転速度，一定の負荷で回転させたときに，90% の軸受が疲労による損傷を受けないで運転できる総回転数を**基本定格寿命**といい，L_{10}（エルテン）ともよばれる．疲労による損傷とは，軸受の軌道輪や転動体の表面がうろこ状や片状になって剥離する破損を指し，**フレーキング**とよばれる．
(basic rating life / flaking)

2 基本動定格荷重 C_r

基本定格寿命が 100 万回転（33.3 min^{-1} で 500 時間）になる荷重を**基本動定格荷重**という．
(basic dynamic load rating)

3 基本静定格荷重 C_{0r}

軸受が静止した状態で外力を受けたとき，永久変形が転動体の直径の 1/10000 になる荷重を**基本静定格荷重**という．
(basic static load rating)

転がり軸受の基本定格寿命は，総回転数 L_n または寿命時間 L_h によって表す．**総**

6.2 転がり軸受 105

▶ 表6.5 深溝玉軸受の寸法（NSK カタログ抜粋[58]）

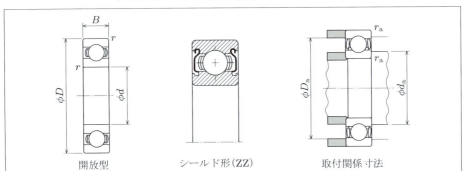

開放型			シールド形(ZZ)			取付関係寸法				

主要寸法 [mm]				基本定格荷重 [N]		係数	呼び番号		許容回転速度 [min^{-1}]		取付関係寸法 [mm]		
d	D	B	r (最小)	C_r	C_{0r}	f_0	開放形	シールド形	グリース潤滑	油潤滑 (最大)	d_a (最小)	D_a (最大)	r_a (最大)
10	26	8	0.3	4550	1970	12.4	6000	ZZ	30000	36000	13	24	0.3
	30	9	0.6	5100	2390	13.2	6200	ZZ	24000	30000	16	26	0.6
	35	11	0.6	8100	3450	11.2	6300	ZZ	22000	26000	16.5	31	0.6
12	28	8	0.3	5100	2370	13.0	6001	ZZ	28000	32000	15.5	26	0.3
	32	10	0.6	6800	3050	12.3	6201	ZZ	22000	28000	17	28	0.6
	37	12	1	9700	4200	11.1	6301	ZZ	20000	24000	18	32	1
15	32	9	0.3	5600	2830	13.9	6002	ZZ	24000	28000	19	30	0.3
	35	11	0.6	7650	3750	13.2	6202	ZZ	20000	24000	20.5	31	0.6
	42	13	1	11400	5450	12.3	6302	ZZ	17000	20000	22.5	37	1
17	35	10	0.3	6000	3250	14.4	6003	ZZ	22000	26000	21.5	33	0.3
	40	12	0.6	9550	4800	13.2	6203	ZZ	17000	20000	23.5	36	0.6
	47	14	1	13600	6650	12.4	6303	ZZ	15000	18000	25.5	42	1
20	42	12	0.6	9400	5000	13.8	6004	ZZ	18000	20000	25.5	38	0.6
	47	14	1	12800	6600	13.1	6204	ZZ	15000	18000	26.5	42	1
	52	15	1.1	15900	7900	12.4	6304	ZZ	14000	17000	28	45.5	1
22	44	12	0.6	9400	5050	14.0	60/22	ZZ	17000	20000	26.5	40	0.6
	50	14	1	12900	6800	13.5	62/22	ZZ	14000	16000	29.5	45	1
	56	16	1.1	18400	9250	12.4	63/22	ZZ	13000	16000	30.5	49.5	1
25	47	12	0.6	10100	5850	14.5	6005	ZZ	15000	18000	30	43	0.6
	52	15	1	14000	7850	13.9	6205	ZZ	13000	15000	32	47	1
	62	17	1.1	20600	11200	13.2	6305	ZZ	11000	13000	36	55.5	1
28	52	12	0.6	12500	7400	14.5	60/28	ZZ	14000	16000	34	48	0.6
	58	16	1	16600	9500	13.9	62/28	ZZ	12000	14000	35.5	53	1
	68	18	1.1	26700	14000	12.4	63/28	ZZ	10000	13000	38	61.5	1

▶ 表6.5 （続き）

主要寸法 [mm]				基本定格荷重 [N]		係数	呼び番号		許容回転速度 [min^{-1}]		取付関係寸法 [mm]		
d	D	B	r (最小)	C_r	C_{0r}	f_0	開放形	シールド形	グリース潤滑	油潤滑 (最大)	d_a (最大)	D_a (最大)	r_a (最大)
30	55	13	1	13200	8300	14.7	6006	ZZ	13000	15000	36.5	50	1
	62	16	1	19500	11300	13.8	6206	ZZ	11000	13000	38.5	57	1
	72	19	1.1	26700	15000	13.3	6306	ZZ	9500	12000	42.5	65.5	1
32	58	13	1	15100	9150	14.5	60/32	ZZ	12000	14000	38.5	53	1
	65	17	1	20700	11600	13.6	62/32	ZZ	10000	12000	40	60	1
	75	20	1.1	29900	17000	13.2	63/32	ZZ	9000	11000	44.5	68.5	1
35	62	14	1	16000	10300	14.8	6007	ZZ	11000	13000	41.5	57	1
	72	17	1.1	25700	15300	13.8	6207	ZZ	9500	11000	44.5	65.5	1
	80	21	1.5	33500	19200	13.2	6307	ZZ	8500	10000	47	72	1.5
40	68	15	1	16800	11500	15.3	6008	ZZ	10000	12000	47.5	63	1
	80	18	1.1	29100	17900	14.0	6208	ZZ	8500	10000	50.5	73.5	1
	90	23	1.5	40500	24000	13.2	6308	ZZ	7500	9000	53	82	1.5
45	75	16	1	20900	15200	15.3	6009	ZZ	9000	11000	53.5	70	1
	85	19	1.1	31500	20400	14.4	6209	ZZ	7500	9000	55.5	78.5	1
	100	25	1.5	53000	32000	13.1	6309	ZZ	6700	8000	61.5	92	1.5
50	80	16	1	21800	16600	15.6	6010	ZZ	8500	10000	58.5	75	1
	90	20	1.1	35000	23200	14.4	6210	ZZ	7100	8500	60	83.5	1
	110	27	2	62000	38500	13.2	6310	ZZ	6000	7500	68	101	2

回転数で表す定格寿命 L_n は，

$$L_n = \left(\frac{C_r}{P_r}\right)^3 \quad [\times 10^6\,回転]：玉軸受 \tag{6.1a}$$

$$L_n = \left(\frac{C_r}{P_r}\right)^{10/3} \quad [\times 10^6\,回転]：ころ軸受 \tag{6.1b}$$

である．ここで，L_n の単位は 10^6 回転（式 (6.1) の結果 $\times 10^6$），P_r [N] は軸受荷重，C_r [N] は基本動定格荷重である．

> **POINT** 定格寿命の計算式は過去の膨大な実験データに基づいて確立されたものである．最近では材料が改良されたために，材料係数を導入して補正することがある．

時間単位の定格寿命 L_h [h：時間] は，回転速度を n [min^{-1}] とすると $L_h = L_n/(60n)$ になるので，式 (6.1) から次のようになる．

$$L_{\mathrm{h}} = \frac{10^6}{60\mathrm{n}}\left(\frac{C_{\mathrm{r}}}{P_{\mathrm{r}}}\right)^3 = 500 f_{\mathrm{h}}^3 \,[\mathrm{h}] : 玉軸受 \tag{6.2a}$$

$$L_{\mathrm{h}} = \frac{10^6}{60\mathrm{n}}\left(\frac{C_{\mathrm{r}}}{P_{\mathrm{r}}}\right)^{10/3} = 500 f_{\mathrm{h}}^{10/3} \,[\mathrm{h}] : ころ軸受 \tag{6.2b}$$

f_{h} は **疲れ寿命係数** とよばれ，次のように表される．

$$f_{\mathrm{h}} = \frac{f_{\mathrm{n}} C_{\mathrm{r}}}{P_{\mathrm{r}}} \tag{6.3}$$

f_{n} は **速度係数** とよばれ，次式によって与えられる．

$$f_{\mathrm{n}} = \left(\frac{10^6}{500 \times 60n}\right)^{1/3} = \left(\frac{33.3}{n}\right)^{1/3} : 玉軸受 \tag{6.4a}$$

$$f_{\mathrm{n}} = \left(\frac{10^6}{500 \times 60n}\right)^{3/10} = \left(\frac{33.3}{n}\right)^{3/10} : ころ軸受 \tag{6.4b}$$

　軸受の寿命は式 (6.1) または式 (6.2) から求め，与えられた条件に合うかどうかを判断する．また，軸受荷重 P_{r} [N] と回転速度 n [min^{-1}]，時間単位の定格寿命 L_{h} [h] が与えられて，これに合う軸受を選定する場合は，式 (6.2) から f_{h}，式 (6.4) から f_{n} を求め，これらを用いて式 (6.3) から基本動定格荷重 C_{r} を求める．求められた C_{r} を満たす軸受を，表 6.5 や軸受カタログで探す．

⚙ 例題6.1

軸の直径が $d = 30$ mm，回転速度が $n = 600$ min^{-1}，軸受荷重が $P_{\mathrm{r}} = 2$ kN のとき，時間単位の定格寿命 $L_{\mathrm{h}} = 10000$ 時間を満足する単列深溝玉軸受を選定せよ．

解

ヒント　次のように解を得るための手順を階層化すると，解を得るプロセスが整理でき，明確にすることができる．

| ① | 解を得る
C_{r} を満たす軸受けを選ぶ | ← | ② | ①のために必要なこと
C_{r} を計算する | ← | ③ | ②のために必要なこと
f_{h}, f_{n} を計算する |

$f_{\mathrm{h}}, f_{\mathrm{n}}$ **の計算**：式 (6.2a)〔p.108〕 から $f_{\mathrm{h}} = \sqrt[3]{\dfrac{L_{\mathrm{h}}}{500}} = 2.714$，式 (6.4a)〔p.108〕 から

108　● Chapter6　軸　受

$$f_n = \sqrt[3]{\frac{33.3}{n}} = 0.3814.$$

C_r の計算：式 (6.3) から，$C_r = \dfrac{f_h P_r}{f_n} = \dfrac{5428}{0.3814} = 14230\,[\mathrm{N}].$
_{p.108}

軸受の選定：表 6.5 の $d = 30$ [mm] の欄から，$C_r = 19500$ [N] の軸
_{p.107}
受 6206 を選定する．

答 6206　　**視点** 式 (6.2) から C_r を導くこともできる．

---

b 動等価荷重と静等価荷重　ラジアル軸受は，ラジアル荷重と多少のアキシアル荷重
を受けることができる．この場合は，アキシアル荷重をラジアル荷重に換算して軸
受を選定する．この換算した荷重を**動等価荷重** P_r という[57]．F_r [N] をラジアル荷
重，F_a [N] をアキシアル荷重とすれば，動等価荷重 P_r [N] は次のようになる．

$$P_r = X F_r + Y F_a \ [\mathrm{N}] \tag{6.5}$$

X を**ラジアル荷重係数**，Y を**アキシアル荷重係数**という．これらの係数は，**表 6.6**
から直線補間によって求める．

静等価荷重 P_0 [N] は動等価荷重と同様に，次のように換算する．

$$P_0 = 0.6 F_r + 0.5 F_a \ [\mathrm{N}] \tag{6.6}$$

ただし，$F_r > 0.6 F_r + 0.5 F_a$ のときは $P_0 = F_r$ とする．

▶ 表 6.6　単列深溝玉軸受の係数 X, Y（NSK カタログ抜粋[58]）

$f_0 F_a / C_{0r}$	e[①]	$F_a/F_r \leqq e$		$F_a/F_r > e$	
		X	Y	X	Y[①]
0.172	0.19	1	0	0.56	2.30
0.345	0.22	1	0	0.56	1.99
0.689	0.26	1	0	0.56	1.71
1.03	0.28	1	0	0.56	1.55
1.38	0.30	1	0	0.56	1.45
2.07	0.34	1	0	0.56	1.31
3.45	0.38	1	0	0.56	1.15
5.17	0.42	1	0	0.56	1.04
6.89	0.44	1	0	0.56	1.00

注❶　e, Y の値は直線補間して求める．

6.2　転がり軸受　109

例題6.2

軸の直径 $d = 40$ mm，回転速度 $n = 1460$ min^{-1}，ラジアル荷重 $F_r = 3.2$ kN，アキシアル荷重 $F_a = 1.1$ kN の条件で，6208 の単列深溝玉軸受を用いる．この場合の軸受の定格寿命 L_h は何時間か求めよ．

解 **直線補間**：表6.5（p.107）から，$C_r = 29100$ [N]，$C_{0r} = 17900$ [N]，$f_0 = 14.0$，$f_0 F_a / C_{0r} = 14.0 \times 1100 / 17900 = 0.86$ になる．表6.6（p.109）をもとに，これに対応する e の値を右図の直線補間で求めると，

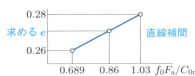

$$e = 0.26 + \frac{(0.28 - 0.26)}{(1.03 - 0.689)}(0.86 - 0.689) = 0.27, \frac{F_a}{F_r} = 0.344 > e = 0.27$$

であるので，表6.6 から $X = 0.56$．Y を直線補間で求めると，$Y = 1.71 + \frac{(1.55 - 1.71)}{(1.03 - 0.689)}(0.86 - 0.689) = 1.63$．

動等価荷重：式(6.5)（p.109）から，$P_r = X F_r + Y F_a = 0.56 \times 3.2 + 1.63 \times 1.1 = 3.585$ [kN] $= 3585$ [N]．

定格寿命：式(6.2a)（p.108）から，$L_h = \frac{10^6}{60n}\left(\frac{C_r}{P_r}\right)^3 = \frac{10^6}{60 \times 1460}\left(\frac{29100}{3585}\right)^3 = 6105$ [h]．

答 $L_h = 6105$ 時間

6.3 転がり軸受の使い方

6.3.1 密封方法

外部から金属粉やほこりなどの**コンタミネーション**（contamination）（異物混入）や軸受の潤滑油の漏出が心配される場合は，密封装置を付ける．密封装置には，油溝・フリンガ・ラビリンスなどの非接触式や，オイルシールなどの接触式がある．

a 油溝 図6.3 a のように，軸とハウジングの間に小さな溝を設け，溝による密封作用を利用する密封式である．

b フリンガ 図 b のような回転体を軸に取り付け，遠心力によって密封するものである．

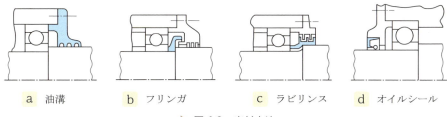

| a 油溝 | b フリンガ | c ラビリンス | d オイルシール |

▶ 図 6.3　密封方法

c **ラビリンス**　図 c のように，軸とハウジングの小さな突起と溝を組み合わせて密封するものである．

d **オイルシール**[59]　図 d のように，軸とハウジングの間に取り付けて接触式で密封するものである．

6.3.2　許容回転速度

転がり軸受の潤滑をする目的は，次のようになる．

1. 軌道輪・転動体・保持器などの滑りによる摩擦を軽減する（ちなみに，深溝玉軸受の動摩擦係数 $\mu \fallingdotseq 0.0013$）
2. さびや腐食を防ぐ
3. 油量の多い潤滑では発生熱を冷ます
4. 結果として寿命を延ばす

> **POINT**　古くは，$d_\mathrm{m} n$ 値（d_m [mm]：ピッチ円径，n [min^{-1}]：回転速度）が潤滑方法の選択に使われていた．

長期間にわたって運転できる**許容回転速度**は潤滑剤や潤滑法に依存するが，一般的な目安は表 6.5 のようになる．

6.3.3　転がり軸受の組付け

a **ロックナットと座金**　転がり軸受には，メンテナンスのしやすさの観点から，取付けや取外しの容易性が求められる．図 6.4 のように，転がり軸受用の座金の舌を軸の溝にはめ，ロックナット[60]（転がり軸受用ナット）によって締める．その後で，座金の外周の爪をロックナットの外周溝に折り曲げる．このようにすることによって，ロックナットは緩まなくなる．

　表 6.7 にロックナットと座金の例を示す．呼びの AN04 や AW04 などの数字は，表 6.5 の内径番号に一致するようになっている．

　ほかに，図 6.5 のようにテーパ状のアダプタスリーブを用いて軸受を軸に固定する方法もある．

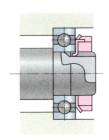

▶ 図 6.4　ロックナットと座金

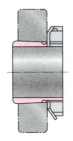

▶ 図 6.5　アダプタスリーブ

▶ 表 6.7　ロックナットと座金（舌を曲げた形式）（NSK カタログ抜粋[58]）（単位 [mm]）

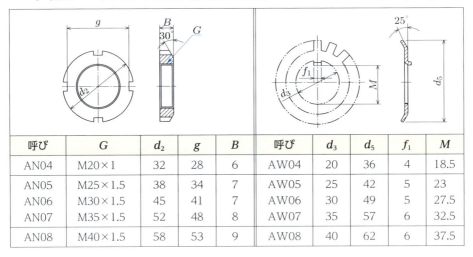

呼び	G	d_2	g	B	呼び	d_3	d_5	f_1	M
AN04	M20×1	32	28	6	AW04	20	36	4	18.5
AN05	M25×1.5	38	34	7	AW05	25	42	5	23
AN06	M30×1.5	45	41	7	AW06	30	49	5	27.5
AN07	M35×1.5	52	48	8	AW07	35	57	6	32.5
AN08	M40×1.5	58	53	9	AW08	40	62	6	37.5

b　予圧　転がり軸受には，軌道輪と玉の間にすき間がある．軸受を組み付けたときにこのすき間がなくなるように，アキシアル方向に**予圧**をかける．予圧とは，アキシアル方向にあらかじめ与えておく力をいう．予圧をかける主な目的は，

1　軸の振れを抑える
2　軸受の剛性を高める
3　アキシアル方向の振動を抑える

である．

　予圧の加え方には，図 6.6 に示す**定位置予圧**と**定圧予圧**がある．定位置予圧は対向する軸受の位置を一定に保つ方式で，単純な構造であるが，軸が熱膨張すると過大なアキシアル荷重がはたらくおそれがある．定圧予圧は，対向する軸受をばねな

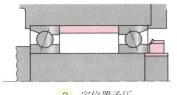
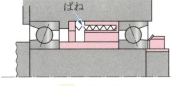

a 定位置予圧　　　b 定圧予圧

▶ 図 6.6　予圧方式

どによって一定の力で押す方式で，熱膨張などの影響は少なくなる．しかし，構造が複雑になる．

6.4 特殊な軸受
6.4.1 リニアガイド

図 6.7 のように，レール①とボールを介して，直線状に移動する本体②からなる軸受である．本体の中を転動するボールは，エンドキャップ③で折り返して循環する．摩擦力が小さく，取付けも容易な機械要素であるので，各種機械に広く利用されている．

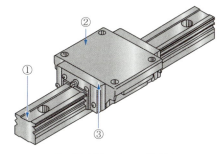

▶ 図 6.7　リニアガイド

6.4.2 磁気軸受

磁石の反発力や吸引力を利用した軸受で，軸を接触させないで支持できる軸受である．軸の振れをセンサで検出し，フィードバック制御することによって高い精度が得られる．しかし，制御が複雑でコストも高くなるので特殊な用途に使われる．

6.5 滑り軸受
6.5.1 滑り軸受の種類

a ジャーナル軸受　ラジアル滑り軸受を**ジャーナル軸受**（journal bearing）ともいい，軸受に入っている軸の部分を**ジャーナル**という．ジャーナル軸受の軸受部は軸受メタルを使用していて，摩耗したときはメタルが取り替えられるようになっている．軸受メタルには，焼き付きにくいこと，接触圧に耐えること，耐摩耗性があることなどが要求され，表 6.8 のような材料が使われる．低速，軽荷重の場合は，ナイロンやテフロンなど

6.5　滑り軸受　113

▶ 表6.8　主な軸受メタル

材料	硬さ HB	軸の最小硬さ HB	最大許容圧力 [MPa]	焼き付きにくさ	なじみやすさ
鋳鉄	160〜180	200〜250	3〜6	△	△
砲金	50〜100	200	7〜20	○	△
黄銅	80〜150	200	7〜20	○	△
ホワイトメタル	20〜30	< 150	6〜10	◎	◎

注) ◎：優，○：良，△：可

のプラスチック，焼結合金を用いた**含油軸受**（**オイルレスベアリング**ともいい，**ボイド**(void)（空洞部）に油をしみ込ませた軸受）などが利用されている．

ジャーナル軸受では，軸が回転すると潤滑油が軸の表面につれまわって軸と軸受の間に入り込み，高い圧力が発生する．これを**くさび効果**という．これによって軸が浮上する．このような軸受を**動圧軸受**という．動圧軸受では，図6.8のように，潤滑油の圧力は斜め方向で最高になり，軸の中心も斜めにずれる．

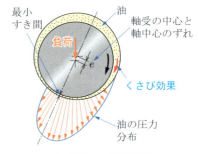

▶ 図6.8　動圧軸受

b　スラスト軸受　スラスト軸受(thrust bearing)には，図6.9に示すつば軸受，ピボット軸受，ミッチェル形軸受などがある．

つば軸受とは，大きなスラスト荷重を支えるために，軸につばを付けた軸受である．**ピボット軸受**とは，軽いスラスト荷重を受ける軸受である．また，**ミッチェル形軸受**とは，ピボットで支えられた扇形のパッドが多数取り付けられた軸受である．

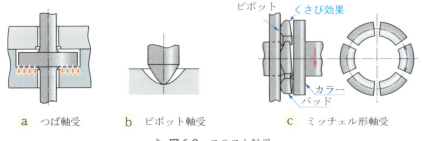

a　つば軸受　　　b　ピボット軸受　　　c　ミッチェル形軸受

▶ 図6.9　スラスト軸受

軸が回転すると扇形パッドとつばの間に，図6.8に示したくさび効果によって潤滑油が入り込み，高い圧力が発生して大きなスラスト荷重を支える．

c 静圧軸受 高い圧力の潤滑油や空気を小さな穴から軸受に供給して軸を浮かせる軸受を**静圧軸受**(hydrostatic bearing)という．回転精度が高く，潤滑油を用いた場合は負荷能力（支えられる荷重の大きさ）が高い．図6.10は潤滑油を用いた例である．

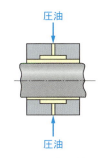

▶ 図6.10　静圧軸受の例

POINT 圧縮空気を用いた静圧空気軸受は，負荷能力は低いが摩擦が少なく回転精度が高く，潤滑油の回収もいらないので，精密測定機などに用いられる．

6.5.2 滑り軸受の設計

滑り軸受の潤滑特性は，図6.11のように，軸受の摩擦係数 μ と（$\eta N/p$）によって表される．この図を**摩擦特性曲線**（ストライベック曲線ともいう）(Stribeck curve)という．η は潤滑油の粘度 [Pa·s]，N は軸の回転速度 [s^{-1}]，p は軸受の平均圧力 [Pa] である．

図のB–C領域では，軸受の油膜は非常に薄く，**境界潤滑状態**とよばれる．この領域では，油膜が薄いために固体接触が起こって激しく発熱するなど，不安定な状態になる．

A–B領域では，厚い油膜が形成される．この状態を**流体潤滑状態**という．滑り軸受は，流体潤滑状態で使用できるようにする．

ジャーナル軸受の設計では，軸受圧力や摩擦による発熱量などを考慮して，軸受すき間や軸の直径・幅などを決める．

a 軸受圧力 p　図6.12に示すように，ジャーナルの直径を d [m]，軸受の幅を l [m] とするとき，投影面積は dl [m^2] になる．軸受に作用する力を W [N] とすれば，軸受圧力（平均）p [Pa] は次のようになる．

$$p = \frac{W}{dl} \text{[Pa]} \tag{6.7}$$

p が表6.9の最大許容圧力 p_a 以下になるように，d と l を決める．

b 幅径比 l/d　ジャーナルの直径 d に対する軸受幅 l の比 l/d を幅径比という．幅径比が大きいと，軸にたわみが生じたときに軸が軸受に接触して焼き付くことがある．

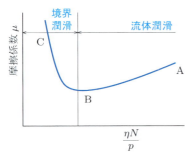

▶ 図6.11 摩擦特性曲線

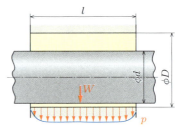

▶ 図6.12 軸受圧力

▶ 表6.9 滑り軸受の設計資料[61]

軸受が使用される機械	最大許容圧力 p_a [MPa]	最大許容 pv 値 [MPa·m/s]	適正粘度 η [× 10^{-3} Pa·s]	最小許容 $\eta N/p$ 値	標準すき間比 ψ	標準幅径比 l/d
モータ・発電機・遠心ポンプのロータ	1～1.5	2～3	25	4.3×10^{-7}	0.0013	0.5～2
往復動ポンプなどのクランク軸	2	3～4	30～80	6.7×10^{-8}	0.001	1～2
工作機械	0.5～2	5～10	40	2.5×10^{-9}	< 0.001	0.5～2
減速歯車の軸	0.5～2	5～10	30～50	8.5×10^{-8}	0.001	2～4

これを防止するために，表6.9の標準幅径比の値以下になるようにする．

c pv **値** 軸受に発生する熱量が大きくなると潤滑油の性能が低下し，軸が焼き付くことがある．そのために，単位面積あたりの発熱量（摩擦による仕事量）を抑える．ジャーナルを投影したときの単位面積あたりの仕事量 Q [Pa·m/s] は次のようになる．

$$Q = \mu p v \, [\text{Pa·m/s}] \tag{6.8}$$

ここで，μ は摩擦係数，p [Pa] は軸受圧力，v [m/s] は軸の周速度である．式(6.8)の pv を**圧力速度係数**という．発熱量を抑えるには，pv 値を表の最大許容 pv 値以下になるようにする．

d $\eta N/p$ **値** 軸と軸受の間に形成される油膜が薄いと軸が焼き付くことがある．これを防ぐためには，図6.11のA–Bの領域で運転できるように，$\eta N/p$ を表6.9の最小許容 $\eta N/p$ 値以上にする．η は潤滑油の粘度 [Pa·s]，N は軸の回転速度 [s^{-1}]，

p は軸受圧力 [Pa] である．なお，潤滑油の粘度 η にはセンチポアズ [cP] の単位も使われていたが，1 [cP (centipoise)] = 10^{-3} [Pa·s] である．

e 軸受すき間　軸受の内径 D と軸の直径 d の差を軸受すき間といい，次の比 ψ を**軸受すき間比**という．

$$\psi = \frac{D-d}{d} \tag{6.9}$$

ψ は，表 6.9 の**標準すき間比**に近くなるようにする．

演習問題

解答は p.218

□ **6.1**　軸受番号 6306, 6205, 6008 の単列深溝玉軸受に適合する軸の直径を求めよ．　　　6.2 節

□ **6.2**　軸受番号 7206, 6308 の軸受はどのような軸受か調べよ．　6.2 節

□ **6.3**　単列深溝玉軸受 6006 の基本定格寿命を 10^6 回転とするとき，軸受にかけられるラジアル荷重を求めよ．　　　6.2 節

□ **6.4**　単列深溝玉軸受 6310 が，回転速度 $n = 800$ $\min^{-1}$ で $P_r = 5$ kN のラジアル荷重を受けるときの回転数単位と時間単位の寿命を求めよ．
　　　6.2 節

□ **6.5**　単列深溝玉軸受 6006 が回転速度 $n = 680$ $\min^{-1}$ で回転し，ラジアル荷重 $F_r = 2$ kN，アキシアル荷重 $F_a = 0.8$ kN を受けている．　6.2 節
　　（a）　ラジアル荷重係数 X，アキシアル荷重係数 Y を求めよ．
　　（b）　動等価ラジアル荷重 P_r を求めよ．
　　（c）　時間単位の寿命を求めよ．

□ **6.6**　回転 $n = 960$ $\min^{-1}$ でモータの動力を伝える直径 $d = 20$ mm の軸がある．この軸にラジアル荷重 $F_r = 1.5$ kN，アキシアル荷重 $F_a = 0.6$ kN が作用している．単列深溝玉軸受 6204 を用いるとすると，軸受の時間単位の寿命を求めよ．　　　6.2 節

□ **6.7**　境界潤滑とは，どのような状態をいうのか調べよ．　6.5 節

6.8 図 6.12 において，軸の直径を $d = 45$ mm，軸受の幅を $l = 95$ mm，この軸受にはたらく荷重を $W = 4$ kN とするとき，軸受圧力 p を求めよ．この軸受がモータの軸受として用いられるとき，最大許容圧力 p_a 以内かどうか検討せよ． 6.5節

6.9 工作機械の主軸に用いられている直径 $d = 60$ mm の滑り軸受に，ラジアル方向の負荷 $W = 1.8$ kN が作用している．表 6.9 の最大許容圧力 p_a と標準幅径比 l/d を満足する軸受の幅 l を求めよ． 6.5節

6.10 演習問題 6.9 の軸の直径 d，軸受の幅 l を使い，回転速度 $n = 560$ min^{-1} で運転するとき，軸受の pv 値と $\eta N/p$ 値が表 6.9 の条件を満たしているかどうか検討せよ． 6.5節

chapter 7 歯車

キーワード
- インボリュート歯車 ●平歯車 ●かみあい率
- バックラッシ ●転位歯車

円筒面にたがいにかみあう歯が付けられていれば，回転は確実に伝えることができる．このような機械要素が**歯車**(gear)である．なお，歯車のピッチや中心距離などの主要な寸法は 1 μm（10^{-3} mm）まで求める．

7.1 歯車伝動の特徴

さまざまな電動モータが開発され，速度制御も向上して広範な用途に応じられるようになった．しかし，歯車には次のような特長があって，将来にわたって重要な機械要素である．

1. 速度伝達比の選択が自由にでき，確実な運動の伝達ができる
2. かみあい歯面の滑りが小さいので，耐久性に優れている
3. 動力損失がきわめて少なく，重荷重に耐えられる
4. 平行軸からくい違い軸まで，軸の交差角や相互位置が自由に設計できる
5. 製作が容易で安価である

上記の特長から，歯車は自動車，ロボット，OA 機器などの広い分野で使われている．

7.2 歯車の種類

歯車の種類と特徴，用途を**表 7.1** に示す．ほかに，非円形歯車，偏心歯車，円弧歯車など特殊なものがある．非円形歯車は NC（数値制御）工作機械によって加工できるようになり[62]，流量計やポンプなど特殊な分野に利用されている．また，OA 機器などに用いられる歯車は，ポリイミド樹脂，ポリカーボネイト樹脂，フェノール樹脂などを材料にすることが多く，主に軽荷重の回転伝達に用いられる．

本書では，主としてインボリュート曲線を歯形とするインボリュート平歯車を扱う．インボリュート歯車は，互換性があり，ホブ盤や歯車形削り盤，射出成形，プレス成形，焼結金属成形などによって容易に加工できることもあって，現在使われている歯車の大部分はインボリュート歯車である．

7.2 歯車の種類 119

▶ 表7.1 歯車の種類と特徴，用途の例

歯車		特徴	主な用途
2軸が平行な歯車			
（a）平歯車	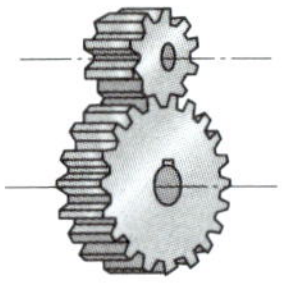	歯すじが軸に平行な直線の歯車	もっとも一般的な歯車
（b）はすば歯車		歯すじがつる巻線状の円筒歯車で，平歯車より大きな動力が伝達でき，低騒音である	一般的な動力伝達装置
（c）やまば歯車	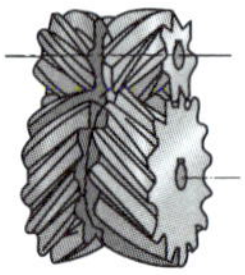	向きの違うはすば歯車を向い合わせた歯車で，軸方向の力を打ち消す歯車	大動力の伝達用で，減速に用いられる
（d）内歯車	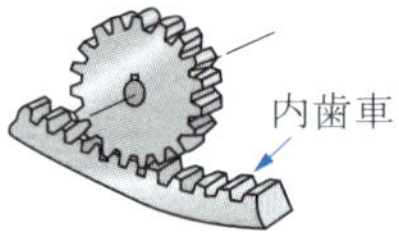	円筒の内側に歯がある歯車	遊星歯車装置など
（e）ラック		回転運動と直線運動の相互変換をする歯車で，ラックは基準円直径が無限大になった歯車	工作機械などの送り装置
2軸が交わる歯車			
（f）すぐばかさ歯車	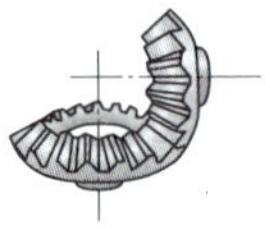	歯すじが円すいの母線となるかさ歯車	差動歯車装置など
（g）まがりばかさ歯車	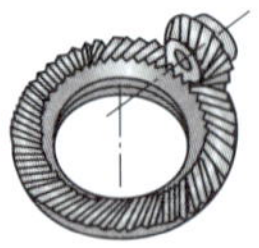	歯すじが円弧状のかさ歯車	ロボットの関節や減速装置など
2軸が平行でもなく，交差もしない歯車			
（h）ハイポイドギヤ	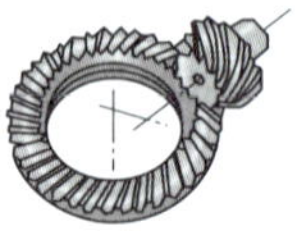	くい違い軸に運動を伝達する歯すじが円弧状の歯車	自動車のデフ（ディファレンシャルギヤ）など

120　●Chapter7　歯車

▶ 表7.1 （続き）

歯車		特徴	主な用途
2軸が平行でもなく，交差もしない歯車			
（i）ウォームギヤ	ウォーム／ウォームホイール	ウォームとウォームホイールからなる歯車	小形で大きな減速比を伝える減速装置など
（j）ねじ歯車		軸がくい違っている歯車	自動機械など

7.3 インボリュート平歯車

7.3.1 インボリュート歯形

図 7.1 のように，円板 O_1，O_2 に糸を巻き付け，糸がたるまないようにして O_1 を回転させると，O_2 は O_1 の回転角に比例した回転をする．

円板 O_1，O_2 に紙 P_1，P_2 を貼り付け，糸の点 B に鉛筆を取り付ける．糸がたるまないようにして円板 O_1 を時計回りに回転させると，紙 P_1 には A_1-B-C_1，紙 P_2 には A_2-B-C_2 の曲線が描かれる．このような曲線は，図 7.2 のように円板に巻き付けた糸をほどいていくときの糸の先端の軌跡である．

この曲線を**インボリュート曲線**といい，インボリュート曲線をつくり出す円板 O_1，O_2 を**基礎円**という．インボリュート曲線の**歯形**を**インボリュート歯形**，インボリュート歯形をもつ歯車を**インボリュート歯車**という．
（involute curve / base circle / tooth profile / involute profile / involute gear）

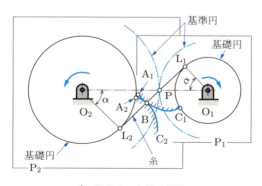

▶ 図7.1　糸掛け伝動

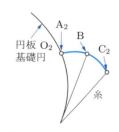

▶ 図7.2　インボリュート曲線

図 7.1 において，かみあっている歯の接触点 B は，歯車の回転に伴って直線 L_1-L_2 に沿って移動する．L_1-L_2 を**作用線**（line of action）という．また，直線 O_1-O_2 と作用線 L_1-L_2 の交点 P を**ピッチ点**（pitch point），O_1，O_2 を中心とし，ピッチ点 P を通る円を**基準円**（reference circle）という．インボリュート歯車による伝動は，基準円に等しい直径の円筒摩擦車の伝動と同じである．

例題 7.1

サイクロイド歯車（cycloid tooth profile）とはどういうものか調べよ．

解 図のように，円筒面上を円板が滑ることなく転がるとき，円板外周の点 P が描く軌跡をサイクロイド曲線とよぶ．この曲線を歯形とする歯車をサイクロイド歯車という．接触歯面のすべり率が一定であるので，摩耗しても歯形がくずれないという特長があるが，歯の曲げ強さが弱いことや加工が難しいことなどから，現在はほとんど使われていない．

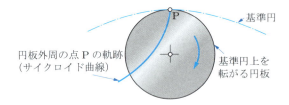

7.3.2 平歯車

平歯車（spur gear）は，歯すじが軸に平行な**円筒歯車**（cylindrical gear）である．円筒歯車とは，基準円が円筒状の歯車をいう．図 7.3 において，基準円を無限大にすると歯形は直線状になる．この直線歯形を**ラック**（rack）という．標準の寸法をもったラックの歯形を**標準基準ラック歯形**（standard basic rack tooth profile）といい，この歯形のラックを**基準ラック**（basic rack）という．

基準ラックの歯先を図 7.3 に示す頂げき c だけ高くし，歯の輪郭を切削用の刃にした切削工具を**標準基準ラック工具**（rack type cutter）という[63]．歯と歯の間隔を**ピッチ**（pitch）p といい，歯の実体部分がピッチ p の半分になる高さに引いた直線をラック工具の**データム線**（datum line）（基準になる直線）という．

データム線と基準円に滑りがないようにし，ラック工具を紙面に垂直な方向に往復動させながら左の方向へ移動させると，インボリュート歯形が創成される．**創成**とは，ラック工具の直線歯形によってインボリュート曲線を創り出すことをいい，

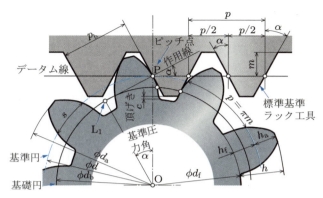

▶ 図 7.3 平歯車とラック工具

このようにしてつくられた歯形を**創成歯形**(generated profile)という.

歯車の寸法は，ラック工具とインボリュート歯車の関係によって定義される[63]. 図 7.3 に示されている各部分の名称の意味を次に示す.

a 基準圧力角 α　図 7.3 に示す直線 O-L$_1$ と直線 O-P のなす角を**基準圧力角**(pressure angle) α という. α が小さいと歯元が細くなって，歯の強度が低下する. α は 14.5°と 20°が標準であるが，一般に $\alpha = 20°$ が使われる.

b モジュール m・ピッチ p　モジュール m は歯の大きさの基準となるものである. 歯車の歯数を z，ラック工具のピッチを p とするとき，基準円の円周長さ pz を $\pi m z$ の形で表して，歯の大きさを次のように定義する[64].

$$m = \frac{p}{\pi} \text{[mm]}, \quad p = \pi m \text{[mm]} \tag{7.1}$$

m を**モジュール**(module)とよび，単位は [mm] である. モジュールが異なる歯車は**ピッチ**が一致しないので，正常なかみあいができない. **表 7.2** にモジュール m の標準値[64]，**図 7.4** にモジュールに対応した実寸の標準基準ラックの歯形を示す.

c 基準円直径 d・中心距離 a　基準円直径 d は，基準円の円周長さが $pz = \pi m z = \pi d$ であるので，次のようになる.

$$d = mz \text{[mm]} \tag{7.2}$$

かみあっている歯数 z_1, z_2 の歯車の基準円直径を d_1, d_2 とすれば，**中心距離** a(center distance) は次のようになる.

$$a = \frac{d_1 + d_2}{2} = \frac{m(z_1 + z_2)}{2} \text{[mm]} \tag{7.3}$$

7.3 インボリュート平歯車　123

▶ 表 7.2　モジュールの標準値（単位 [mm]）

系列 I	系列 II	系列 I	系列 II	系列 I	系列 II
0.1	0.15	1.5	1.375	12	11
0.2	0.25	2	1.75	16	14
0.3	0.35	2.5	2.25	20	18
0.4	0.45	3	2.75	25	22
0.5	0.55	4	3.5	32	28
0.6	0.7	5	4.5	40	36
0.8	0.75	6	5.5	50	45
1	0.9	8	7		
1.25	1.125	10	9		

注）系列 I を用いることが望ましい．

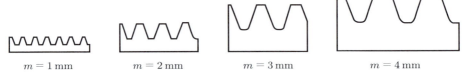

▶ 図 7.4　基準ラックの原寸

中心距離 a には高い精度が要求される．

d 基礎円直径 d_b　図 7.3 の関係から，基礎円直径 d_b は次のようになる．

$$d_b = d\cos\alpha \,[\text{mm}] \tag{7.4}$$

e 基礎円ピッチ p_b　基礎円上のピッチを**基礎円ピッチ** p_b（base pitch）という．これは作用線上での歯と歯の間隔を表し，次のようになる．

$$p_b = p\cos\alpha \,[\text{mm}] \tag{7.5}$$

f 歯たけ h・頂げき c　基準円から歯先までの高さを**歯末のたけ**（addendum）h_a とよび，標準値は $h_a = m$ である．基準円から歯底までの深さを**歯元のたけ**（dedendum）h_f といい，標準値は $h_f = 1.25m$ である．$1.25m$ のうち，$0.25m$ は相手歯車の歯先に対する逃げであり，これを**頂げき**（bottom clearance）c という．$h = h_a + h_f = 2.25m$ を**歯たけ** h とよぶ．このような歯を**並歯**といい，これより高い歯を高歯，低い歯を低歯という．

g 歯厚 s　基準円における歯の実体部分の円弧の長さを**歯厚**（tooth thickness）s という．

以上をまとめて，表 7.3 に示す．

▶ 表7.3 平歯車の寸法（単位 [mm]）

基準円直径[1]	$d_1 = mz_1 \qquad d_2 = mz_2$	歯末のたけ	$h_a = m$
基礎円直径[1]	$d_{b1} = d_1 \cos \alpha \qquad d_{b2} = d_2 \cos \alpha$	歯元のたけ	$h_f = 1.25m$
歯先円直径[1]	$d_{a1} = d_1 + 2h_a = m(z_1 + 2)$ $d_{a2} = d_2 + 2h_a = m(z_2 + 2)$	頂げき	$c = 0.25m$
		歯たけ	$h = h_a + h_f = 2.25m$
中心距離	$a = (d_1 + d_2)/2 = m(z_1 + z_2)/2$	歯底円直径[1]	$d_{f1} = d_1 - 2h_f = m(z_1 - 2.5)$ $d_{f2} = d_2 - 2h_f = m(z_2 - 2.5)$
ピッチ	$p = \pi m$		
基礎円ピッチ	$p_b = p \cos \alpha$	歯厚	$s = p/2 = \pi m/2$

注[1]　添字 1,2 はかみあう一対の歯車を表す.

⚙ 例題7.2

歯車の中心距離に高い精度が要求される理由を考えよ.

解　歯車の中心距離が表7.3の a より小さいと，歯車が組み立てられなくなる. また，大きすぎると歯面間に過大なすき間が生じて，騒音や振動の発生原因となる.

7.3.3　速度伝達比・減速比・増速比

a 歯車対　回転を伝える側の歯車を**駆動歯車**，伝えられる側の歯車を**被動歯車**という. driving gear　driven gear　かみあっている一対の歯車を**歯車対**といい，歯数が多いほうの歯車を**大歯車**，少ないほうの歯車を**小歯車**という. gear pair

b 速度伝達比　いくつかの歯車対を組み合せたもの（たとえば，後述の図7.16）を**歯車列**という. 歯車列の最初の駆動歯車の角速度 ω_1 を最後の被動歯車の角速度 ω_2 で gear train　割った値を**速度伝達比**という[65]. transmission ratio

c 減速比　歯車対の速度伝達比 i は，駆動歯車と被動歯車の角速度を ω_1, ω_2，回転速度を n_1, n_2，基準円直径を d_1, d_2，歯数を z_1, z_2 とすると，

$$i = \frac{\omega_1}{\omega_2} = \frac{n_1}{n_2} = \frac{d_2}{d_1} = \frac{z_2}{z_1} \tag{7.6}$$

になる. $i \geqq 1$ となる歯車列を**減速歯車列**といい，この場合の速度伝達比を**減速比**という. これに対して，$i < 1$ の場合は被動歯車が増速されるので，速度伝達比の逆数 speed reducing ratio　を**増速比**という. 増速歯車列は効率が低いので，特殊な場合以外は使われない. speed increasing ratio

7.3　インボリュート平歯車　125

例題7.3

モジュール $m = 2$ mm,小歯車の歯数 $z_1 = 20$,速度伝達比 $i = 3$ の歯車対がある.大歯車の歯数 z_2 と中心距離 a を求めよ.

解 式 (7.6)〔p.125〕から $z_2 = iz_1 = 3z_1 = 60$ となるので,式 (7.3)〔p.123〕から,$a = \dfrac{m(z_1 + z_2)}{2} = 80$ [mm]

答 $z_2 = 60$, $a = 80$ mm

例題7.4

中心距離 $a = 90$ mm,速度伝達比 $i = 3$,モジュール $m = 1.5$ mm の歯車がある.小歯車の歯数 z_1 と大歯車の歯数 z_2 を求めよ.

解 式 (7.6)〔p.125〕から $z_2 = iz_1 = 3z_1$,式 (7.3)〔p.123〕から $z_1 + z_2 = (1 + 3)z_1 = 4z_1 = \dfrac{2a}{m} = 120.$ $z_1 = \dfrac{120}{4} = 30$, $z_2 = 3z_1 = 90.$

答 $z_1 = 30$, $z_2 = 90$

7.3.4 かみあい率

図 7.5 において,歯のかみあいは歯先円が作用線と交わる点 a から始まり,点 f

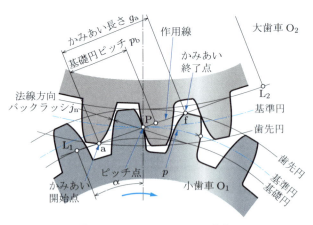

▶ 図 7.5 かみあっている歯車

で終了する．長さ $\overline{\mathrm{af}}$ をかみあい長さ g_a という．歯車が連続して回転を伝えるためには，1組以上の歯が常にかみあっていなければならない．かみあい長さ g_a を基礎円ピッチ p_b で割った値を**かみあい率** ε_a (transverse contact ratio) という．

$$\varepsilon_\mathrm{a} = \frac{\text{かみあい長さ } g_\mathrm{a}}{\text{基礎円ピッチ } p_\mathrm{b}} \geqq 1 \tag{7.7}$$

通常の歯車のかみあいでは，$\varepsilon_\mathrm{a} = 1.2 \sim 2.5$ 程度である．

7.3.5 バックラッシ

歯車の誤差や組付け誤差，弾性変形や熱変形などがあると，かみあう歯が干渉して騒音や振動が発生し，極端な場合には歯車や歯車を組み込んだ装置が破損する．そのために，かみあう歯の裏面にすき間を与える．このすき間を**バックラッシ** (backlash) という．図 7.5 のように，歯面に垂直な方向の最小すき間を**法線方向バックラッシ** (normal backlash) j_n，基準円に沿った歯面間のすき間を**円周方向バックラッシ** (circumferential backlash) j_t という．

7.3.6 歯車の最小歯数

図 7.5 において，小歯車の歯数が少なくなって大歯車の歯先円が作用線 $\mathrm{L_1}$–$\mathrm{L_2}$ の外側に出ると，大歯車の歯先が小歯車の歯元にくい込むようになる．このような現象を**歯先の干渉**という．

歯先の干渉が生じる条件でラック工具によって歯切りすると，**図 7.6** のように歯元がえぐられる．これを歯元の**切下げ** (undercut) という．切下げが生じると歯の強度が低下し，かみあい率も低くなる．切下げが始まる限界を**切下げ限界**という．

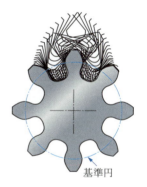

▶ 図 7.6 切下げ

平歯車で切下げが発生しない条件は，図 7.5 において $\overline{\mathrm{PL_1}} = \overline{\mathrm{Pa}}$ であるので，

$$\overline{\mathrm{PL_1}} = \frac{zm\sin\alpha}{2} \geqq \overline{\mathrm{Pa}} = \frac{m}{\sin\alpha} \tag{7.8}$$

となり，式 (7.8) から z を求めると，次のようになる．

$$z \geqq \frac{2}{\sin^2\alpha} \tag{7.9}$$

基準圧力角 $\alpha = 20°$ の平歯車では，式 (7.9) は $z = 17$ となって歯数が 17 以上であれば切下げは生じないが，実用上は 14 以上であれば切下げは無視できる．

7.4 転位歯車

1. 歯元を太くして歯の強度を増やしたい
2. 歯数を 14 以下にしたい
3. モジュールを変えないで中心距離を変えたい

などの要求に応える歯車として，転位歯車がある．**転位歯車** profile shifted gear は，図 7.7 のようにラック工具のデータム線を歯車の基準円からずらした**歯切ピッチ線**（データム線に平行で，基準円に接する直線）と基準円が滑らないようにして創成した歯車である．ラック工具をずらした量を**転位量**といい，モジュール m を x 倍した xm によって表す．x を**転位係数** rack shift coefficient という．

図 7.7 のように，ラック工具を基準円から遠ざかる方向に離す場合を正（＋）の転位といい，歯元が太くなって切下げを防ぐことができる．正（＋）の転位が大きくなると，図 7.8 のように歯先がとがり始める．歯先がとがり始める限界を**歯先とがり限界**という．

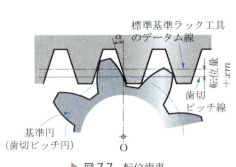

▶ 図 7.7 転位歯車

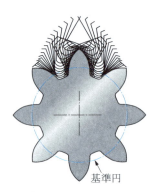

▶ 図 7.8 歯先とがり

7.5 静かな歯車の工夫

歯のかみあいによって発生する振動や騒音は，歯形や歯数を工夫することによって低減することができる．ここではいくつかの工夫について述べる．

a 適切なバックラッシ 温度が変化して歯車が熱膨脹すると，バックラッシが小さい歯車対では，歯の両面が接触してきしむような音が発生する．適切なバックラッシが必要である．

b 大きなかみあい率 1 歯のかみあいから 2 歯のかみあいに移るとき，かみあっている歯のたわみが変化し，大きな動力を伝えている場合は振動や騒音の発生原因にな

る．モジュールを小さくして歯数を増やしたり，表 7.1（b）のはすば歯車にするなどして，かみあい率を大きくする．かみあい率を大きくすると 1 歯あたりのたわみが小さくなり，歯車の製作誤差も平均化されて振動や騒音も小さくなる．

c **クラウニング**　かみあっている歯は，歯車の加工誤差や取付け誤差によって，歯の幅方向に一様に接触しないで片当たりすることがある．片当たりすると歯のたわみが大きくなり，振動や騒音が発生しやすくなる．この場合，図 7.9 のように歯の幅方向にふくらみをもたせ，歯に負荷がかかったときに歯の接触域が中央部から次第に広がってなめらかな接触になるようにする．歯幅方向にふくらみをもたせることを**クラウニング** crowning という．

d **歯形修整**　かみあっている歯は大きな負荷を受けると，歯がたわんで歯の形が正確なインボリュート曲線からはずれるために，新たにかみあいを始める歯の歯先に衝撃的な負荷がかかって振動や騒音が発生する．この場合は，図 7.10 のように歯先や歯元をわずかに削る歯形修整を行って，振動や騒音を低減させる．

▶ 図 7.9　クラウニング

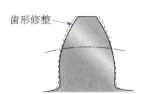
▶ 図 7.10　歯形修整

7.6　平歯車の強度

歯の強度は，歯が根元から折れないようにする歯の曲げ強さと，歯面が損傷しないようにする歯面強さによって検討する．

7.6.1　歯の曲げ強さ

曲げ強さは，1 枚の歯だけがかみあい，そこに全負荷が作用するものとして検討する．伝達動力を P [W]，回転速度を n [min^{-1}]，円周力（基準円にはたらく接線力）を F [N]，基準円直径を d [m] とすれば，式（1.9）から次式が得られる．

$$F = \frac{60P}{\pi n d} = \frac{60P}{\pi n z m} \text{ [N]} \tag{7.10}$$

歯元に作用する力がもっとも大きくなるのは，図 7.11 において歯の先端 A に

作用線方向（歯面に垂直な方向）の力 F_N [N] がはたらいたときである．基準圧力角 α [°] から，F_N は次のようになる．

$$F_N = \frac{F}{\cos\alpha} \text{ [N]} \quad (7.11)$$

図のように，歯の中心線に対して 30°傾いた直線が歯元隅肉部に接する点を B, C とし，B, C を結んだ断面 $\overline{BC}$ を危険断面とする．歯の曲げによる破壊は，この危険断面で生じるものとする．

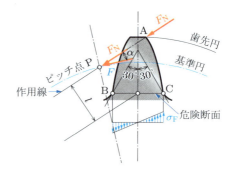

▶ 図 7.11　歯の危険断面

l を $\overline{BC}$ の中点と作用線との距離，σ_F を最大曲げ応力，Z を歯を片持ばりとしたときの危険断面の断面係数とする．危険断面 $\overline{BC}$ に作用する曲げモーメント M は $M = F_N l$ になるので，式（2.7）から次式が成り立つ．

$$\sigma_F = \frac{M}{Z} = \frac{F_N l}{Z} \quad (7.12)$$

b [m] を歯幅，m [m] をモジュールとすれば，式の誘導は省略するが，式（7.12）は次のようになる．

$$\sigma_F = \frac{F Y_F}{bm} \text{ [Pa]} \quad (7.13)$$

Y_F を**歯形係数**とよび，**図 7.12** から求める．なお，歯元隅肉部の応力集中を考慮した**複合歯形係数** Y_{FS} もあるが[66]，複雑であるので本書では省いた．

最大の曲げ応力 σ_F [Pa] は，外力の不均一性に対応した**使用係数** K_A や歯車の誤差によって生じる動的な荷重の変化に対応した**動荷重係数** K_V などを導入して次式によって求める．σ_F は歯車材料の**許容曲げ応力** $\sigma_{F\lim}$ [Pa] を超えないようにする．

$$\sigma_F = \frac{F Y_F K_A K_V}{bm} \leqq \sigma_{F\lim} \text{ [Pa]} \quad (7.14)$$

歯車材料の許容曲げ応力 $\sigma_{F\lim}$ [Pa] を**表 7.4**，使用係数 K_A と動荷重係数 K_V を**表 7.5** に示す．なお，σ_F の算出には K_A や K_V のほかにさまざまな係数が用いられるが，本書では省略した．

円周力 F [N] は，歯幅 b [m]，モジュール m [m] と式（7.14）から，次のようになる．

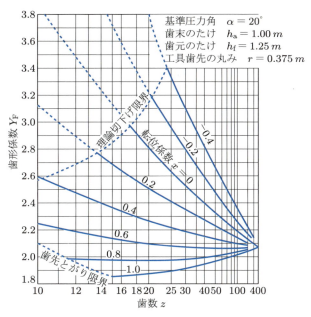

▶ 図 7.12　歯形係数 Y_F

▶ 表 7.4　表面硬化しない歯の許容応力（JGMA 6101-01 抜粋）

材料 （矢印の範囲は参考）	硬さ[1] HBW	HV	引張強さ下限 [MPa]	σ_{Flim} [MPa]	σ_{Hlim} [MPa]
構造用炭素鋼焼きならし　S25C　S35C　S43C　S48C　S53C　S58C	120	126	412	135	405
	130	136	447	145	415
	140	147	475	155	430
	150	157	508	165	440
	160	167	536	173	455
	170	178	570	180	465
	180	189	604	186	480
	190	200	635	191	490
	200	210	670	196	505
	210	221	699	201	515
	220	230	735	206	530
	230	242	769	211	540
	240	252	796	216	555
	250	263	832	221	565

注[1]　HBW はブリネル硬さ，HV はビッカース硬さを表す記号．200 HBW, 210 HV のように表す．

▶ 表7.5　歯の強さの計算に用いる主な係数

Z_H	領域係数で $Z_H = 2/\sqrt{\sin(2\alpha)}$,　$\alpha = 20°$ では $Z_H = 2.495$
Z_E	表7.6の材料定数係数 $[\sqrt{\text{MPa}}]$
u	歯数比で $u = z_2/z_1$,　$z_1 \leqq z_2$
K_A	使用係数　$K_A = 1.1$
K_V	動荷重係数　$K_V = 1.2$

$$F \leqq \frac{\sigma_{\text{Flim}} b m}{Y_F K_A K_V} \, [\text{N}] \tag{7.15}$$

式 (7.15) からわかるように，歯幅 b を大きくすれば，モジュール m を小さくすることができる．モジュール m を小さくして歯数を大きくするとかみあい率が大きくなるので，前述したように，振動や騒音を低下させることができる．ただし，歯幅 b を大きくしすぎると歯面が一様に接触できなくなって，局部的に大きな荷重が作用する．

このようなことから，歯幅 b は次式の $K = b/m$ の値を参考にして決め，小歯車の歯幅は大歯車の歯幅より少し大きめにするとよい．

$$K = \frac{b}{m} = 6 \sim 10 \tag{7.16}$$

7.6.2　歯面の強さ

かみあっている歯面の接触応力が大きくなると，繰返し接触応力によって**ピッチング**が生じて歯が損傷するので，歯面の強さも検討しなければならない．ピッチングとは，疲労によって歯面に生じる小さなくぼみをいう．

曲面と平面の接触，曲面と曲面の接触を**ヘルツ接触**といい，接触応力や接触変形に関する式をヘルツの式という．歯面の最大接触応力 σ_H [Pa] は，材料が鋼の場合，ヘルツの式から次のようになる．σ_H は表7.4の許容ヘルツ応力 σ_{Hlim} [Pa] を超えないようにする．

$$\sigma_H = \sqrt{\frac{F}{b d_1} \cdot \frac{u+1}{u}} Z_H Z_E \sqrt{K_A K_V} \leqq \sigma_{\text{Hlim}} \, [\text{Pa}] \tag{7.17}$$

ここで，F [N] は円周力，d_1 [m] は小歯車の基準円直径，b [m] は歯幅，u，Z_H, Z_E, K_A, K_V などは表7.5，**7.6** による[67]．ほかにもいくつかの係数が用いられているが，本書では省いた．

132　●Chapter7　歯　車

▶ 表7.6 材料定数係数 Z_E

歯車			相手歯車			材料定数係数 Z_E [$\sqrt{\text{MPa}}$]
材料	記号[1]	縦弾性係数 E [GPa]	材料	記号	縦弾性係数 E [GPa]	
鋼	S*C	206	構造用鋼	S*C	206	190
			鋳鋼	SC*	202	189
鋳鋼	SC*	202	鋳鋼	SC*	202	188

注❶ S*C は S45C など,SC* は SC450 など.

円周力 F [N] は,式 (7.17) から次のようになる.

$$F \leqq \left(\frac{\sigma_{\text{Hlim}}}{Z_H Z_E}\right)^2 \cdot \frac{u}{u+1} \cdot \frac{bmz_1}{K_A K_V} \ [\text{N}] \tag{7.18}$$

歯の強さは,歯の曲げ強さと歯面の強さの両方を満足しなければならない.

⚙ **例題7.5**

モジュール $m = 3$ mm,基準圧力角 $\alpha = 20°$,歯幅 $b = 20$ mm,駆動歯車の歯数 $z_1 = 20$,被動歯車の歯数 $z_2 = 80$,駆動歯車の回転速度 $n = 600$ min^{-1},両歯車の材料を S35C(170 HBW)とする平歯車が伝達できる動力を求めよ.

解 歯の曲げ強さによる円周力:歯形係数 Y_F は小歯車のほうが大きいので,図 7.12 から $z_1 = 20$ に対して $Y_F = 2.81$,表 7.5 から $K_A = 1.1$,$K_V =$
p.131　　　　　　　　　　　　　　　p.132

1.2,表 7.4 から $\sigma_{\text{Flim}} = 180 \times 10^6$ [Pa],式 (7.15) から $F \leqq \dfrac{\sigma_{\text{Flim}} bm}{Y_F K_A K_V}$
p.131　　　　　　　　　　　　　　　　　　　　p.132

$= \dfrac{10.8 \times 10^3}{3.709} = 2912 \,[\text{N}]$.

歯面強さによる円周力:表 7.4 から $\sigma_{\text{Hlim}} = 465 \times 10^6$ [Pa],表 7.5 から $u = \dfrac{z_2}{z_1} = \dfrac{80}{20} = 4$,$Z_H = 2.495$,表 7.6 から $Z_E = 190 \times 10^3$
p.133

[$\sqrt{\text{Pa}}$],式 (7.18) から $F \leqq \left(\dfrac{\sigma_{\text{Hlim}}}{Z_H Z_E}\right)^2 \cdot \dfrac{u}{u+1} \cdot \dfrac{bmz_1}{K_A K_V} = (0.981 \times 10^3)^2 \times$
p.133

$\times 0.8 \times (0.909 \times 10^{-3}) = 700 \,[\text{N}]$.

動力:小さいほうの円周力 $F = 700$ [N],基準円の周速度 $v = \dfrac{\pi m z_1 n}{60}$

$= 1.88 \,[\text{m/s}]$,式 (1.7) から $P = Fv = 700 \times 1.88 = 1316$ [W] $=$
p.16

7.6 平歯車の強度　133

1.3 [kW].

答 $P = 1.3$ kW

7.6.3 歯車の寸法

歯車は図7.13のように，歯・リム・ウェブ・ボスからなっているが，外径が小さい歯車は軸と一体構造にすることが多い．歯車各部の寸法は市販されている製品に従うとよい．

図7.14のキー溝の上面と歯車の歯底の距離 t_s が小さいと，歯がたわんだりキー溝が変形して十分な強度が得られなくなる．そのために，小歯車に対して次式の t_s [mm] を満たすようにする．

$$t_s = \frac{d_{f1} - d_{01}}{2} - t_2 \geqq 2.2m \,[\text{mm}] ：鋼，プラスチック \quad (7.19a)$$

$$t_s = \frac{d_{f1} - d_{01}}{2} - t_2 \geqq 2.8m \,[\text{mm}] ：鋳鉄 \quad (7.19b)$$

▶ 図7.13　ウェブ構造

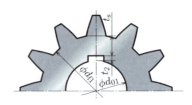

▶ 図7.14　小歯車のキー溝

7.6.4 歯車の設計

動力伝達用の平歯車では，伝達動力 P，回転速度 n，減速比 i が必須の要求事項である．歯車の設計は，モジュール m，歯数 z，歯幅 b，中心距離 a の仕様を確定することであり，これらのいくつかが要求事項として与えられることもあり，与えられないこともある．

設計の要求事項にはさまざまなケースがあり，設計者によって設計解が異なることもある．与えられた要求事項をまとめてから設計解を得るまでの流れの例を図7.15に示す．

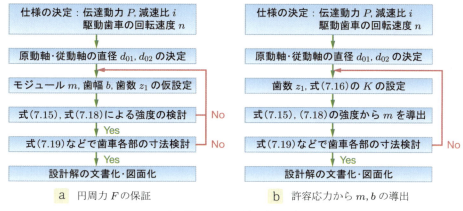

▶ 図 7.15　設計の流れの例

例題 7.6

たがいにかみあう歯数 $z_1 = 80$ の小歯車，$z_2 = 160$ の大歯車を設計せよ．ただし，小歯車の回転速度は $n_1 = 900 \text{ min}^{-1}$，伝達動力は $P = 3 \text{ kW}$ であり，歯車の材料は S35C（200 HBW）とする．軸の直径はねじり強さから求め，許容せん断応力は $\tau_a = 25 \text{ MPa}$ とする．

解　軸の直径とキー溝：式（5.19）から，キー溝の応力集中を考慮した小歯車軸直径は，$d_{01} \geq \sqrt[3]{\dfrac{16 \times 9.549 P}{0.75 \pi \tau_a n_1}} = \sqrt[3]{\dfrac{458.4 \times 10^3}{53.01 \times 10^9}} = 0.0205 \text{ [m]} = 20.5$ [mm]．表 5.1 から直径 $d_{01} = 22$ [mm]，歯車の歯幅 b と区別するためにキー溝の幅を b_k とおけば，表 5.3 から $b_k = 6$ [mm]，$t_1 = 3.5$ [mm]，$t_2 = 2.8$ [mm]．大歯車の軸直径 d_{02} は，$i = \dfrac{z_2}{z_1} = \dfrac{160}{80} = 2$，$n_2 = \dfrac{n_1}{i}$ であるので，$d_{02} = \sqrt[3]{\dfrac{16 \times 9.549 P}{0.75 \pi \tau_a n_2}} = \sqrt[3]{\dfrac{16 \times 9.549 P}{0.75 \pi \tau_a n_1 / i}} = d_{01} \sqrt[3]{i} = 20.5 \times \sqrt[3]{2} = 25.8$ [mm]．表 5.1 から，$d_{02} = 28$ [mm]，キー溝は表 5.3 から $b_k = 8$ [mm]，$t_1 = 4.0$ [mm]，$t_2 = 3.3$ [mm]．

歯の曲げ強さ：図 7.15 a に沿って歯車の仕様を決める．図 7.12 から小歯車 $z_1 = 80$ の $Y_F = 2.22$．表 7.5 から $K_A = 1.1$，$K_V = 1.2$，表 7.4 から $\sigma_{Flim} = 196$ [MPa]．モジュールを $m = 1.5$ [mm] と仮定すると，

式 (7.10) から $F = \dfrac{60P}{\pi m z_1 n_1} = 531\,[\mathrm{N}]$. 式 (7.16) で $K = 8$ として $b = 8m = 12\,[\mathrm{mm}]$ にすれば，式 (7.15) の右辺は，$\dfrac{\sigma_{\mathrm{Flim}} b m}{Y_{\mathrm{F}} K_{\mathrm{A}} K_{\mathrm{V}}} =$

$$\dfrac{196 \times 10^6 \times 12 \times 10^{-3} \times 1.5 \times 10^{-3}}{2.22 \times 1.1 \times 1.2} = \dfrac{3528}{2.930} = 1204\,[\mathrm{N}] \geqq F = 531\,[\mathrm{N}]\ と$$

なり，曲げ強さは十分である．

歯面の強さ：表 7.4~7.6 から $Z_{\mathrm{H}} = 2.495$，$Z_{\mathrm{E}} = 190\,[\sqrt{\mathrm{MPa}}]$，$\sigma_{\mathrm{Hlim}} = 505\,[\mathrm{MPa}]$，$u = \dfrac{z_2}{z_1} = 2$. 式 (7.18) は $\left(\dfrac{\sigma_{\mathrm{Hlim}}}{Z_{\mathrm{H}} Z_{\mathrm{E}}}\right)^2 \cdot \dfrac{u}{u+1} \cdot \dfrac{b m z_1}{K_{\mathrm{A}} K_{\mathrm{V}}} =$

$$\left(\dfrac{505 \times 10^6}{2.495 \times 190 \times 10^3}\right)^2 \cdot \dfrac{2}{2+1} \cdot \dfrac{12 \times 10^{-3} \times 1.5 \times 10^{-3} \times 80}{1.1 \times 1.2} = 825\,[\mathrm{N}] \geqq F =$$

$531\,[\mathrm{N}]$ となって，歯面強さは十分である．

t_{s} **のチェック**：式 (7.19a) は，$t_{\mathrm{s}} = \dfrac{d_{\mathrm{f1}} - d_{01}}{2} - t_2 = \dfrac{m(z_1 - 2.5) - 22}{2} -$

$t_2 = 47.13 - 2.8 = 44.33\,[\mathrm{mm}] \geqq 2.2m = 3.3\,[\mathrm{mm}]$ となって，必要条件を満足している．

歯車の寸法：$d_1 = m z_1 = 120\,[\mathrm{mm}]$，$d_2 = m z_2 = 240\,[\mathrm{mm}]$，$d_{\mathrm{a1}} = m(z_1 + 2) = 123\,[\mathrm{mm}]$，$d_{\mathrm{a2}} = m(z_2 + 2) = 243\,[\mathrm{mm}]$，$a = \dfrac{d_1 + d_2}{2} = 180\,[\mathrm{mm}]$.

答 **軸関連**：$d_1 = 22\,\mathrm{mm}$（キー溝 $b_{\mathrm{k}} = 6\,\mathrm{mm}$，$t_1 = 3.5\,\mathrm{mm}$，$t_2 = 2.8\,\mathrm{mm}$），$d_{02} = 28\,\mathrm{mm}$（キー溝 $b_{\mathrm{k}} = 8\,\mathrm{mm}$，$t_1 = 4.0\,\mathrm{mm}$，$t_2 = 3.3\,\mathrm{mm}$）

歯車：$m = 1.5\,\mathrm{mm}$，$z_1 = 80$，$z_2 = 160$，$d_1 = 120\,\mathrm{mm}$，$d_2 = 240\,\mathrm{mm}$，$d_{\mathrm{a1}} = 123\,\mathrm{mm}$，$d_{\mathrm{a2}} = 243\,\mathrm{mm}$，$b_1$（小歯車の歯幅）$= b_2$（大歯車の歯幅）$= 12\,\mathrm{mm}$，$a = 180\,\mathrm{mm}$

⚙ 例題7.7

動力 $P = 3.7\,\mathrm{kW}$，駆動歯車の回転速度 $n_1 = 1460\,\mathrm{min}^{-1}$，減速比 $i = 3$ の平歯車を，曲げ強さから設計せよ．ただし，歯車の材料は S48C（210 HBW）とし，小歯車の歯数を $z_1 = 25$ とする．軸の直径は，許容せん断応力 $\tau_{\mathrm{a}} = 20$

136　● Chapter7　歯　車

MPa として，ねじり強さから決める．

解 **軸の直径とキー溝**：キー溝の応力集中を考慮した式 (5.19) から，小歯車
軸直径 $d_{01} = \sqrt[3]{\dfrac{16 \times 9.549P}{0.75\pi\tau_{\mathrm{a}}n_1}} = \sqrt[3]{\dfrac{565.3 \times 10^3}{68.8 \times 10^9}} = 0.0202\,[\mathrm{m}] = 20.2\,[\mathrm{mm}]$.
表 5.1 から，直径 $d_{01} = 22$ [mm]，歯車の歯幅 b と区別するためにキー
溝の幅を b_{k} とおけば，表 5.3 から $b_{\mathrm{k}} = 6$ [mm]，$t_1 = 3.5$ [mm]，$t_2 =$
2.8 [mm]．大歯車の軸直径 d_{02} は，式 (5.19) で回転速度 n を $\dfrac{n_1}{i}$ に
置き換えて $d_{02} = d_{01}\sqrt[3]{i} = 20.2 \times \sqrt[3]{3} = 29.1$ [mm]，表 5.1 から d_{02}
$= 30$ [mm]．キー溝は，表 5.3 から $b_{\mathrm{k}} = 8$ [mm]，$t_1 = 4.0$ [mm]，t_2
$= 3.3$ [mm]．

歯の曲げ強さ：式 (7.16) で $K = 10$ として，図 7.15 b に沿って仕様
を決める．図 7.12 から歯数 $z_1 = 25$ の歯形係数 $Y_{\mathrm{F}} = 2.63$，表 7.5 から
$K_{\mathrm{A}} = 1.1$，$K_{\mathrm{V}} = 1.2$，表 7.4 から，$\sigma_{\mathrm{Flim}} = 201$ [MPa]．式 (7.16) の
$b = Km$ と式 (7.10) の F を式 (7.15) に代入してモジュール m につ
いて解くと，

$$m \geqq \sqrt[3]{\frac{60P}{\pi z_1 n_1} \cdot \frac{Y_{\mathrm{F}}K_{\mathrm{A}}K_{\mathrm{V}}}{\sigma_{\mathrm{Flim}}K}} = \sqrt[3]{\frac{60 \times 3700}{\pi \times 25 \times 1460} \cdot \frac{2.63 \times 1.1 \times 1.2}{201 \times 10^6 \times 10}}$$

$$= 1.50 \times 10^{-3}\,[\mathrm{m}] = 1.5\,[\mathrm{mm}]$$

$K = 10$ としたので，$b = Km = 10 \times 1.5 = 15$ [mm]．

歯面の強さ：表 7.4~7.6 から $Z_{\mathrm{H}} = 2.495$，$Z_{\mathrm{E}} = 190$ [$\sqrt{\mathrm{MPa}}$]，σ_{Hlim}
$= 515$ [MPa]，$u = \dfrac{z_2}{z_1} = 3$ である．式 (7.10) の右辺と式 (7.18)
の右辺を等しいとし，式 (7.16) から $b = Km$ としてモジュール m に
ついて解くと，

$$m \geqq \sqrt[3]{\frac{60P}{\pi z_1 n_1} \cdot \left(\frac{Z_{\mathrm{H}}Z_{\mathrm{E}}}{\sigma_{\mathrm{Hlim}}}\right)^2 \cdot \frac{u+1}{u} \cdot \frac{K_{\mathrm{A}}K_{\mathrm{V}}}{Kz_1}}$$

$$= \sqrt[3]{\frac{60 \times 3700}{\pi \times 25 \times 1460} \cdot \left(\frac{2.495 \times 190 \times 10^3}{515 \times 10^6}\right)^2 \cdot \frac{3+1}{3} \cdot \frac{1.1 \times 1.2}{10 \times 25}}$$

$$= 2.25 \times 10^{-3}\,[\mathrm{m}] = 2.25\,[\mathrm{mm}]$$

$K = 10$ としたので，$b = Km = 10 \times 2.25 = 22.5 \fallingdotseq 23$ [mm] とする．モジュールは大きいほうの $m \geqq 2.25$ [mm] をとって，表7.2から
_{p.124}
$m = 2.5$ [mm] とする．この場合，$K = \dfrac{b}{m} = 9.2$ となって式 (7.16)
の条件を満たす．

t_s のチェック：式 (7.19a) は，小歯車について $t_s = \dfrac{d_{f1} - d_{01}}{2} - t_2 =$
_{p.134}
$\dfrac{m(z_1 - 2.5) - 22}{2} - t_2 = 17.125 - 2.8 = 14.325\,[\text{mm}] \geqq 2.2m = 5.5$ [mm]
となって式を満たす．

歯車の寸法：$z_2 = iz_1 = 75$，$d_1 = mz_1 = 62.5$ [mm]，$d_2 = mz_2 = 187.5$ [mm]，$d_{a1} = m(z_1 + 2) = 67.5$ [mm]，$d_{a2} = m(z_2 + 2) = 192.5$ [mm]，$a = \dfrac{d_1 + d_2}{2} = 125$ [mm]．

答 **軸関連**：$d_{01} = 22$ mm（キー溝 $b_k = 6$ mm，$t_1 = 3.5$ mm，$t_2 = 2.8$ mm），$d_{02} = 30$ mm（キー溝 $b_k = 8$ mm，$t_1 = 4.0$ mm，$t_2 = 3.3$ mm）

歯車：$m = 2.5$ mm，$z_1 = 25$，$z_2 = 75$，$d_1 = 62.5$ mm，$d_2 = 187.5$ mm，$d_{a1} = 67.5$ mm，$d_{a2} = 192.5$ mm，b_1（小歯車の歯幅）$= b_2$（大歯車の歯幅）$= 23$ mm，$a = 125$ mm

・7.7 高い減速比の歯車装置

いくつかの歯車対を組み合わせた歯車列からなる装置を，歯車伝動装置という．

7.7.1 減速歯車装置

歯車によって減速する装置を，減速歯車装置という．1 段（一対の歯車の組合せ）の減速比は，低速用（基準円の周速が 0.5～10 m/s）で 7，中速用（基準円の周速が 10～20 m/s）で 5 程度が一般的である[68]．したがって，大きな減速比を得るためには 2 段，3 段の減速が必要になる．

図7.16 のように，②と③，④と⑤の歯車が軸でつながっている歯車列の減速比 i は，次のようになる．

138 ● Chapter7 歯　車

$$i = \left(1\text{段目の減速比} i_1 = \frac{z_2'}{z_1}\right) \times \left(2\text{段目の減速比} i_2 = \frac{z_3'}{z_2}\right)$$
$$\times \left(3\text{段目の減速比} i_3 = \frac{z_4'}{z_3}\right)$$
$$= \frac{z_2' z_3' z_4'}{z_1 z_2 z_3} = \frac{\text{被動歯車の歯数の積}}{\text{駆動歯車の歯数の積}} \tag{7.20}$$

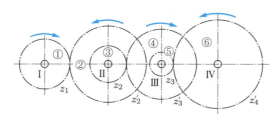

▶ 図 7.16　3 段の減速歯車装置

POINT 市販されている汎用の減速歯車装置では，被動歯車の歯数を 1 枚増やしたり減らしたりして，できる限り駆動歯車の歯数と被動歯車の歯数がたがいに素（1 以外の整数の公約数をもたないこと）にして，減速比が整数にならないようにしている．駆動歯車のある歯が被動歯車の多くの歯とかみあって，偏った摩耗や変形をしないようにするためである．

例題 7.8

図 7.16 で，$z_1 = 34$，$z_2' = 64$，$z_2 = 22$，$z_3' = 50$ である．原動軸 I の回転速度が $n_1 = 800 \text{ min}^{-1}$ のとき，軸 III の回転速度 n_3 を求めよ．

解　式（7.20）から減速比 $i = \dfrac{z_2' z_3'}{z_1 z_2} = \dfrac{64 \times 50}{34 \times 22}$．

式（7.6）から回転速度 n_3 は，$n_3 = \dfrac{n_1}{i} = 187 \text{ [min}^{-1}\text{]}$．

答　$n_3 = 187 \text{ min}^{-1}$

例題 7.9

図 7.16 を汎用の減速歯車装置とするとき，原動軸を I，歯車①の歯数を $z_1 = 16$，2 段減速された軸 III の減速比を約 18 とする．このとき，歯車②，③，④の歯数 z_2'，z_2，z_3' をいくらにすればよいか．ただし，できる限り z_1 と z_2'，z_2 と z_3' がたがいに素の関係になるように工夫する．

解 各段の減速比：装置がコンパクトになるように，1段目の減速比と2段目の減速比が近くなるようにし，1段目の減速比 $i_1 \fallingdotseq 4$，2段目の減速比 $i_2 \fallingdotseq 4.5$ とする．

歯数の設定：$z_2 = z_1 = 16$ とすると，$z'_2 = i_1 z_1 = 64$，$z'_3 = i_2 z_2 = 72$ となる．z_1 と z'_2，z_2 と z'_3 がたがいに素という要求から，$z'_2 = 65$，$z'_3 = 71$ とすると，$i = \dfrac{z'_2 z'_3}{z_1 z_2} = \dfrac{65 \times 71}{16 \times 16} = 18.03$．

答 $z_1 = 16$, $z_2 = 16$, $z'_2 = 65$, $z'_3 = 71$.

視点 参考までに，減速比は $i = 18.03$．解はいくつもあるので，理由を付して試みよう．

7.7.2 変速歯車装置

歯車列のかみあいを変えることによって減速比をいくつかの段階に変える装置を**変速歯車装置**といい，被動歯車の回転速度の数列を速度列という．工作機械などの速度列には，等比数列が用いられることが多い．

図 **7.17** は，一体になっている歯車②，②′，②″ をスプライン軸上で移動させて原動軸 I の歯車①，①′，①″ のいずれかとかみあわせ，従動軸に三つの異なった回転速度を与える変速歯車装置である．

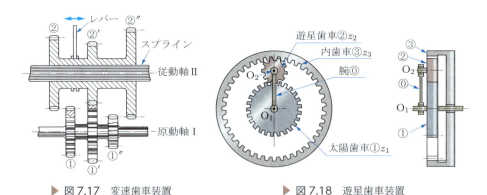

▶ 図 7.17 変速歯車装置 　　▶ 図 7.18 遊星歯車装置

7.7.3 遊星歯車装置

遊星歯車装置の例を図 **7.18** に示す．**太陽歯車**①，**遊星歯車**②，**内歯車**③，**腕**⓪ からなっている．歯車②は，自転しながら太陽の回りを公転する遊星になぞらえて

▶ 表7.7　遊星歯車装置ののり付け法

手順	内歯車③	遊星歯車②	太陽歯車①	腕⓪
(1) 腕⓪を固定して内歯車③を -1 回転	-1	$-z_3/z_2$	$+(z_3/z_2)(z_2/z_1)$	0
(2) 全体をのり付けして O_1 回りに $+1$ 回転	$+1$	$+1$	$+1$	$+1$
(3) 上記（1）と（2）の和	0	$1-z_3/z_2$	$1+z_3/z_1$	1

遊星歯車とよばれる．遊星歯車装置は，コンパクトで大きな減速比が得られる．

　遊星歯車装置の各歯車の回転した数と回転方向は，**表7.7** の**のり付け法**によって求めることができる．図7.18で，歯数 z_3 の内歯車③を固定して歯数 z_1 の太陽歯車①を1回転させたとき，歯数 z_2 の遊星歯車②と腕⓪の回転は表7.7の手順に沿って求める．この例での歯数の関係は，$z_3 = z_1 + 2z_2$ である．

　歯車や腕の回転方向は，反時計回り（CCW）を正（+），時計回り（CW）を
　　　　　　　　　　　　counter-clockwise　　　　　　　　　clock-wise
負（−）とする．表の手順を次に示す．

手順 (1)：歯車①，②，③の回転が把握しやすいように，腕⓪を固定（0回転）する．このようにすると歯車相互の関係が単純になり，歯車③を -1 回転させたときの歯車①，②の回転は，表7.7（1）欄のようになる．

手順 (2)：与えられた条件は，内歯車③を固定したときの各歯車の回転する数を求めることであるので，内歯車③の回転がゼロになるように全体をのり付け（一体化）して $+1$ 回転させる．この操作から**のり付け法**とよばれ，表の（2）欄のようになる．

手順 (3)：（1）欄と（2）欄の和をとれば，内歯車③は回転がゼロになって固定される．腕⓪が $+1$ 回転すると，歯車②，①はそれぞれ $(1 - z_3/z_2)$ 回転，$(1 + z_3/z_1)$ 回転する．したがって，太陽歯車①が1回転したときの腕⓪は $1/(1 + z_3/z_1)$ 回転する．

　のり付け法の原理は，手順（1）で固定したい歯車または腕を -1 回転させ，この回転が手順（3）でゼロになるように全体を $+1$ 回転させて歯車や腕などの回転を求めることである．

⚙️ 例題7.10

図7.18で，内歯車③がないものとして，歯車①を固定して腕⓪を $+1$ 回転させたとき，歯車②の回転した数と回転方向を求めよ．ただし，$z_1 = 90$，$z_2 = 30$ とする．

7.7　高い減速比の歯車装置　141

解 表 7.7 ののり付け法に従うと，次の表になる．腕⓪が時計回りに 1 回転すると，歯車②は $1 + \dfrac{z_1}{z_2} = 1 + \dfrac{90}{30} = 4$ となり，歯車②の回転は正（+）であるので，反時計回りに 4 回転する．

手順	太陽歯車①	遊星歯車②	腕⓪
(1) 腕⓪を固定して太陽歯車①を −1 回転	−1	$+z_1/z_2$	0
(2) 全体をのり付けして O_1 回りに +1 回転	+1	+1	+1
(3) 上記 (1) と (2) の和	0	$1 + z_1/z_2$	1

答 反時計回りに 4 回転

7.7.4 差動歯車装置

図 7.19 において，減速大歯車②に固定された腕⓪（差動歯車箱）の回転が差動小歯車③，③′ によって差動大歯車④，④′ に伝えられる機構を**差動歯車装置**という．
differential gear device

> **POINT** 自動車では，カーブするときに内側車輪の回転が減り，外側車輪の回転数が増えても，差動歯車装置によって，内側・外側の車輪がスリップしないで回ることができる．

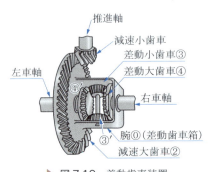
▶ 図 7.19 差動歯車装置

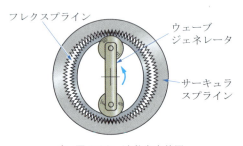
▶ 図 7.20 波動歯車装置

7.7.5 波動歯車装置[69]

図 7.20 において，ウェーブジェネレータ（波動発生器）はカップ状の薄肉金属弾性体のフレクスプライン（柔軟車）を弾性変形させて，2 箇所でサーキュラスプライン（内歯車）の歯にかみあわせる．サーキュラスプラインの歯数をフレクスプラインの歯数よりわずかに多くする．たとえば，サーキュラスプラインの歯数を

102，フレクスプラインの歯数を100とし，ウェーブジェネレータを入力軸，フレクスプラインを出力軸とすれば，入力軸が1回転すると出力軸は2歯分逆方向に回転する．したがって，減速比50が得られる．この装置はハーモニックドライブともよばれ，1段で大きな減速比が得られるという特長がある．

7.7.6 内接式遊星歯車減速機

図7.21において，②はサイクロイド系の曲線を歯形とする曲線板，①は曲線板②を偏心回転させる偏心軸，③は曲線板②にかみあう外ピン，④は外ピン③を固定する外ピン枠，⓪は偏心しながら減速回転する曲線板②から減速された回転を取り出す内ピンである．

偏心軸①が1回転すると，外ピンの数と曲線板のかみあい歯の数との差（図では1）だけ曲線板が逆方向に回転する．原理は図7.20の波動歯車装置と同じであり，フレクスプラインの弾性変形の代わりに，曲線板と偏心回転する曲線板から減速された回転を取り出す内ピンが用いられている．

ピンとサイクロイド系の曲線板は応力集中がほとんど生じないので，非常に大きな荷重や衝撃荷重に耐えることができる．また，1段で大きな減速比が得られ，同時かみあい歯数も多く，分解・組立も容易で，ノーバックラッシが実現できるなどの特長がある．このような特長を生かして，建設・土木機械やノーバックラッシを利用したロボットアームの駆動などに利用されている．

一方，部品を精度よく加工する専用の機械が必要であったり，高速運転には注意が必要であるなどの問題がある[69]．

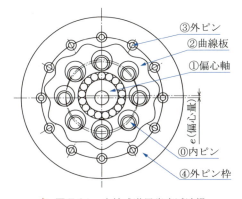

▶ 図7.21　内接式遊星歯車減速機

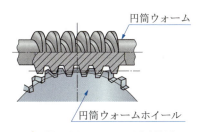

▶ 図7.22　ウォーム減速装置

7.7　高い減速比の歯車装置

7.7.7 ウォーム減速装置

図 7.22 は，ねじ状のウォームとウォームホイールからなる減速装置である．2軸が直角に交わり，1段で大きな減速比が得られ，振動や騒音が低いという特長がある．一般に，減速比は 10〜60 のように大きくとれるので，減速装置として広く使われている．

ウォーム減速装置は，ウォームの歯面がウォームホイールの歯面に沿って滑るので，摩擦損失が大きく，伝動効率が低いという欠点がある．しかし，これが自動締り（セルフロッキング）という効果を生み出している．**セルフロッキング**とは，ウォームホイールによってウォームを回転させることができないという逆転止め効果をいう．ウォーム減速装置は，この効果を生かして昇降機やカム駆動などに使われている[69]．

演習問題　　　解答は p.219

7.1 中心距離 $a = 120$ mm，減速比 $i = 2$，モジュール $m = 2$ mm の 1 組の平歯車がある．各歯車の歯数，基準円直径，歯先円直径を求めよ．
　　　　　　　　　　　　　　　　　　　　　　　　　　7.3 節

7.2 基準圧力角 $\alpha = 20°$，歯数 $z = 76$，モジュール $m = 4$ mm の平歯車のピッチ p と基礎円ピッチ p_b を求めよ．　　　7.3 節

7.3 歯車には，インボリュート歯形のほかにどのような歯形の歯車があるか調べよ．　　　　　　　　　　　　　　　　7.3 節

7.4 歯数 $z_1 = 23$，$z_2 = 87$，小歯車の回転速度 $n_1 = 650$ min^{-1} で動力 $P = 7.5$ kW を伝える平歯車の歯幅 b はいくらにすればよいか．ただし，モジュール $m = 5$ mm，歯車の材料は S48C（200 HBW）として両歯車の歯幅は等しいとする．　　　　　　　7.6 節

7.5 モジュール $m = 2$ mm，基準圧力角 $\alpha = 20°$，歯幅 $b = 20$ mm の平歯車の伝達動力 P を求めよ．ただし，両歯車の材料は S48C（220 HBW）とし，歯数 $z_1 = 25$，$z_2 = 90$，小歯車の回転速度 $n_1 = 1480$ min^{-1} とする．　　　　　　　　　　　　　　　7.6 節

7.6 中心距離 $a = 320$ mm，小歯車の回転速度 $n_1 = 750$ min^{-1} のとき，動力 $P = 15$ kW を減速比 $i = 3$ で大歯車に伝えたい．歯幅 $b = 20$ mm とすれば，モジュール m をいくらにすればよいか．ただし，基準圧力角 $\alpha = 20°$ の平歯車とし，両歯車の材料を S58C (250 HBW) とする． 7.6節

7.7 基準圧力角 $\alpha = 20°$ の平歯車を用いた図 7.16 の 3 段の減速歯車装置において，減速比 i を約 120 にしたい．$z_1 = z_2 = z_3 = 32$ のとき，z'_2, z'_3, z'_4 をいくらにすればよいか．ただし，駆動歯車の歯数と被動歯車の歯数がたがいに素の関係になるようにする．解はいくつも存在するので，歯数を決めた根拠を明らかにする． 7.7節

7.8 図において，歯車①，②，②′，③の歯数がそれぞれ $z_1 = 51$，$z_2 = 50$，$z'_2 = 51$，$z_3 = 50$ のとき，歯車③を固定して腕⓪を $+1$ 回転させると，軸Ⅰ（歯車①）はどの方向に何回転するか． 7.7節

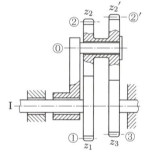

問題 7.8 の図

7.9 図 7.19 の自動車用差動歯車装置で，減速大歯車②，差動小歯車③，③′，差動大歯車④，④′ の歯数が，$z_2 = 72$，$z_3 = z'_3 = 22$，$z_4 = z'_4 = 22$ のとき，自動車が左にカーブをきって左の車輪の回転が 1 回転減じたとき，右の車輪の回転は何回転増えたか． 7.7節

chapter 8 ベルト・チェーン

キーワード
- 歯付ベルト伝動
- 平ベルト伝動
- チェーン伝動
- 摩擦伝動

ベルト伝動とチェーン伝動は，ベルトやチェーンを原動車と従動車に巻掛け，引張力を利用して動力の伝達を行う．軸間距離（プーリの中心距離をいう：JIS K 6368）が長い場合には，簡便で経済的な方法である．

8.1 ベルト伝動

ベルト伝動では，**原動車**と**従動車**に**プーリ**を用いる．プーリは**ベルト車**ともいわれる．プーリとベルトの間には作動中にわずかな滑りが生じたり，振動によって回転速度に多少の変動が発生する．歯付ベルト伝動を除いて，プーリとベルト間の滑りは過負荷のときに安全装置としてはたらく．

ベルト伝動には，摩擦伝動とかみあい伝動があり，**表 8.1** のような種類がある．

▶ 表 8.1 ベルトの種類

①摩擦伝動
- V ベルト伝動：もっとも一般的なベルト伝動
  標準 V ベルト，細幅 V ベルト，広幅 V ベルト，広角 V ベルトなど
- 平ベルト伝動：高速伝動や長い軸間距離の場合に使われる
  ゴム平ベルト，織布ベルト，フィルムベルト，コードベルト，スチールベルト，皮ベルトなど
- 特殊なベルト伝動：丸ベルト，六角ベルトなど

②かみあい伝動 ── 歯付ベルト伝動

8.2 細幅 V ベルト伝動

8.2.1 V ベルト伝動

V ベルトは，V プーリの溝にくさびのようにくい込んで，溝の両側面との間に大きな摩擦力が発生する．**表 8.2** に主な V ベルトの種類を示す．

V ベルト伝動の特長は，以下のとおりである．

1. 回転比を任意に決められる
2. 騒音が小さい

▶ 表 8.2 主な V ベルトと特徴

（a） 一般用 V ベルト （classical V belt） 	従来用いられていたが，細幅 V ベルトに代わってきている．ベルトの速度は最高 30 m/s 程度である．
（b） 細幅 V ベルト （narrow V belt） 	一般用 V ベルトのようにベルトの幅が広いと，ベルトが V プーリの溝にくい込んで曲げられたとき，図 8.2 のように断面形状が中凹に変形して寿命が短くなる．中凹の変形を少なくするために，ベルトの厚みを一般用 V ベルトより約 30% 大きくしたものが細幅 V ベルトである．寿命が長く高速運転にも使用でき，装置も小型化できるなどの特長から，広く普及している．ベルト速度は最高 40 m/s 程度である．
（c） 広幅 V ベルト （wide V belt） 	ベルトの幅が広く，ベルトの底面が波形になっているので，小径のプーリに対してよく曲がってなじむ．
（d） 広角 V ベルト （wide angle V belt） 	図 8.2 の V ベルトの角度 α_b が大きく，上面に横方向の補強リブがある．プーリ溝への食い込みが小さいのでプーリからの離れがよい，屈曲性がよいなどの特長があり，小径のプーリにも使用できる．ベルト速度は最高 60 m/s 程度である．

③ 軸間距離の精度は低くてもよい

④ 潤滑が不要である

⑤ 安価である

8.2.2 回転比

図 8.1 のように，原動プーリ①と従動プーリ②の**直径**を d_{m1}，d_{m2}，回転速度を n_1，n_2 とし，V ベルトに滑りがないものとすれば，**回転比** speed ratio r は次のようになる．

$$r = \frac{n_1}{n_2} = \frac{d_{m2}}{d_{m1}} \tag{8.1}$$

直径 d_m は歯車の基準円直径に相当し，回転比 r は歯車伝動における速度伝達比 i にあたる．また，直径の大きいプーリを**大プーリ**，小さいほうを**小プーリ**という．

8.2 細幅 V ベルト伝動　147

Vベルト伝動は摩擦力によって行われるので，図に示す小プーリのθをできる限り大きくして摩擦力を大きくする．θを**接触角**（angle of contact）という．θはベルトがプーリに巻き付いている部分の中心角であるので，**巻付き角**ともいう．

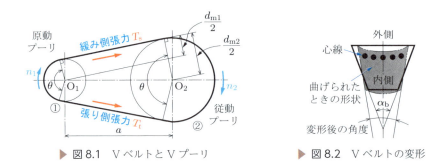

▶ 図 8.1　VベルトとVプーリ　　　　　▶ 図 8.2　Vベルトの変形

8.2.3　細幅Vベルトとプーリ

Vベルトは，主として**心線**（core wire）（**図 8.2** の引張力を担う糸）とゴム部からなる継ぎ目なしのベルトである．心線はポリエステルコードが多く使われ，ゴム部はクロロプレンゴムが一般的である[70]．

表 8.2（b）の特長から，細幅Vベルトが広く使われているので，本書では細幅Vベルトを扱う．細幅Vベルトは，断面形状の大きさによって 3V，5V，8V が規定されている[71]．**表 8.3** に細幅Vベルトの寸法と機械的性質，**表 8.4** に細幅Vベルトの呼び番号と**有効周長さ** L_e（ベルトの長さ）を示す[71]．

Vプーリの溝形状はVベルトの形状に合わせるが，Vベルトは曲げられると図 8.2 のように外側の幅はせばまり，内側の幅は広がる．そのために，表 8.3 の α_b = 40° より小さくなるので，溝部の角度 α を**表 8.5** のようにする[72]．

細幅Vベルトは，プーリの溝にくい込みすぎるとプーリ溝側面との摩擦が大き

▶ 表 8.3　細幅Vベルトの寸法と機械的性質（JIS K 6368）から作成）

	ベルトの種類		3V	5V	8V
断面寸法	b_t [mm]		9.5	16.0	25.5
	h [mm]		8.0	13.5	23.0
	α_b [°]		40	40	40
機械的性質	引張強さ [kN/本]		2.3 以上	5.4 以上	12.7 以上
	許容張力 T_a [kN/本]		0.44	0.98	2.21

148　● Chapter8　ベルト・チェーン

▶ 表 8.4　細幅 V ベルトの呼び番号と有効周長さ　(JIS K 6368)

呼び番号	有効周長さ L_e [mm]			呼び番号	有効周長さ L_e [mm]			呼び番号	有効周長さ L_e [mm]		
	3V	5V	8V		3V	5V	8V		3V	5V	8V
355	902	—	—	530	1346	1346	—	800	2032	2032	—
375	953	—	—	560	1422	1422	—	850	2159	2159	—
400	1016	—	—	600	1524	1524	—	900	2286	2286	—
425	1080	—	—	630	1600	1600	—	950	2413	2413	—
450	1143	—	—	670	1702	1702	—	1000	2540	2540	2540
475	1207	—	—	710	1803	1803	—	1060	2692	2692	2692
500	1270	1270	—	750	1905	1905	—	1120	2845	2845	2845

▶ 表 8.5　細幅 V プーリ溝部の形状と寸法　(JIS B 1855)　(単位 [mm])

ベルト	呼び外径 d_e	α [°]	b_e	h_g	k (基準)	f (最小)
3V	67 以上 90 以下	36±0.4	8.9 ±0.13	$9\,^{+0.50}_{\ 0}$	0.6	8.7
	90 を超え 150 以下	38±0.4				
	150 を超え 300 以下	40±0.4				
	300 を超え	42±0.4				
5V	180 以上 250 以下	38±0.5	15.2 ±0.13	$15\,^{+0.50}_{\ 0}$	1.3	12.7
	250 を超え 400 以下	40±0.5				
	400 を超え	42±0.5				
8V	315 以上 400 以下	38±0.5	25.4 ±0.13	$25\,^{+0.50}_{\ 0}$	2.5	19
	400 を超え 560 以下	40±0.5				
	560 を超え	42±0.5				

注）直径 d_m は，$d_m = d_e - 2k$ である．

くなりすぎ，緩み側で離れにくくなることがある．そのために，表 8.5 では呼び外径 d_e の大きい V プーリの溝の角度を V ベルトの角度 $\alpha_b = 40°$ より大きくしている．細幅 V プーリの呼び外径 d_e と直径 d_m を**表 8.6** に示す．

▶ 表8.6　細幅 V プーリの呼び外径と直径（JIS B 1855）（単位［mm]）

3V		5V		8V	
呼び外径[1] d_e	直径 d_m	呼び外径[1] d_e	直径 d_m	呼び外径[1] d_e	直径 d_m
67	65.8	180	177.4	315	310
71	69.8	190	187.4	335	330
75	73.8	200	197.4	355	350
80	78.8	212	209.4	375	370
90	88.8	224	221.4	400	395
100	98.8	236	233.4	425	420
112	110.8	250	247.4	450	445
125	123.8	280	277.4	475	470
140	138.8	315	312.4	500	495
160	158.8	355	352.4	560	555
180	178.8	400	397.4	630	625
200	198.8	450	447.4	710	705
250	248.8	500	497.4	800	795
315	313.8	630	627.4	1000	995
400	398.8	800	797.4	1250	1245

注❶　**最小呼び外径** d_e は，3V で 67 mm，5V で 180 mm，8V で 315 mm である．

POINT　V プーリの溝側面の表面性状は，V ベルトの寿命や伝達効率に影響する．ちなみに，溝側面の表面性状の例として，V プーリの規格[72]では，Ra を 3.2 µm 以下としている．

8.2.4　細幅 V ベルトと V プーリの選択

　細幅 V ベルト伝動装置の設計で要求される事項は，伝達動力 P，原動軸の回転速度 n_1，回転比 r，軸間距離 a などである．なお，軸間距離の記号は，V ベルトの規格[71]では C で表されているが，本書では歯車や後述のチェーンと共通の記号 a を用いる．

a 設計動力　**負荷動力** P_N［W］（動力と同義）には，使用条件によって負荷変動が生じる．この負荷変動に対応した動力を**設計動力**といい，**表8.7** の**負荷補正係数** K_0 を用いて，次式から設計動力 P_d［W］を求める[71]．

$$P_d = K_0 P_N \text{ [W]} \tag{8.2}$$

　負荷動力 P_N としてモータの**定格出力** P［kW］を用いてもよい．定格出力とは，安定して長時間運転できる出力をいう．
rated output

▶ 表 8.7　1 日 8〜10 時間使用時の負荷補正係数 K_0（ JIS K 6368 より抜粋）

負荷変動	使用機械（被動機）	最大出力が定格の 300% 以下のもの（例：交流モータ，分巻直流モータ，2 気筒以上の内燃機関）	最大出力が定格の 300% を超えるもの（例：直巻直流モータ，単気筒内燃機関）
微小	送風機（7.5 kW 以下），遠心ポンプ，軽荷重用コンベア	1.1	1.2
小	送風機（7.5 kW を超えるもの），工作機械，発電機，回転ポンプ	1.2	1.3
中	ピストンポンプ，木工機械	1.3	1.5
大	クラッシャミル，ホイスト	1.4	1.6

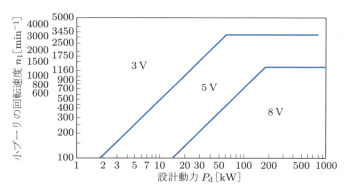

▶ 図 8.3　細幅 V ベルトの種類の選択（ JIS K 6368 ）

b **V ベルトの種類の選定**　V ベルトの種類は，設計動力 P_d [kW] と小プーリの回転速度 n_1 [min^{-1}] を用いて，**図 8.3** から選ぶ．なお，図で 1 kW 以下の場合は，3 V の領域とみなしてよい．

c **V プーリ**　外径の小さい V プーリを用いると，ベルトの屈曲が大きくなってベルトの寿命が短くなる．そのために，表 8.6 脚注の**最小呼び外径**を満たすようにする．表 8.6 をもとに小プーリの直径 d_{m1} を決めれば，回転比 r から大プーリの直径 $d_{m2} = rd_{m1}$ が決まる．V ベルトは継目なしのリング状であるので，プーリ軸を動かせるように設計して，V ベルトの交換が容易にできるようにする．

d **V ベルトの長さと軸間距離**　小プーリの直径 d_{m1} [mm]，大プーリの直径 d_{m2} [mm]，概略の軸間距離 a [mm] から，ベルトの長さ L [mm] は次のようになる．

8.2　細幅 V ベルト伝動　151

$$L = 2a + \frac{\pi}{2}(d_{m2} + d_{m1}) + \frac{(d_{m2} - d_{m1})^2}{4a} \text{ [mm]} \tag{8.3}$$

Vベルトは標準化されているので，式 (8.3) の L に近い有効周長さ L_e のVベルトを表 8.4 から選択して呼び番号で表す．

Vベルトの有効周長さ L_e [mm] から，正確な軸間距離 a [mm] は次のようになる．

$$\begin{aligned} a &= \frac{B + \sqrt{B^2 - 2(d_{m2} - d_{m1})^2}}{4} \text{ [mm]} \\ B &= L_e - \frac{\pi}{2}(d_{m2} + d_{m1}) \text{ [mm]} \end{aligned} \tag{8.4}$$

e Vベルトの張力調整 ベルトとプーリの摩擦力を利用したVベルト伝動では，ベルトに適切な張力を与える．この張力を**初張力**（initial tension）という．ベルトは使うにつれて伸びるので，張力の調整が行えるようにする．張力は，**図 8.4** の**テンションプーリ**を利用して調整するか，プーリ軸を移動できるようにして調整する．なお，テンションプーリには接触角 θ を大きくする効果もある．

Vベルトを複数並べて使うときは，各ベルトが均一な張力になるようにする．そのために，ベルトを交換するときは全部を新しいベルトに換える．

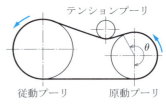

▶ 図 8.4　テンションプーリ

f Vベルトの張力と所要本数 細幅Vベルトは厚いので，屈曲による疲労が生じる．近年，安全・安心に重きをおくようになってから，ベルト 1 本あたりの**補正伝動容量** P_c [kW] を用い，式 (8.2) の設計動力 P_d から次式によってベルトの本数 Z を求めるようになった[71]．

$$Z \geq \frac{P_d}{P_c} \tag{8.5}$$

補正伝動容量 P_c は，ベルト 1 本あたりの伝動容量（伝えられる動力）P に長さ補正係数や接触角補正係数などを適用した伝動容量である．また，伝動容量 P は多くの係数を用いて算出されるが，接触角 180° のとき（回転比 $r = 1$）の伝動容量を基準伝動容量といい，**表 8.8** のようになる．P や P_c の算出は煩雑であるので，本書ではさまざまな係数を省略し，表 8.8 の基準伝動容量を P_s とおいて，$P_c \fallingdotseq P_s$ として式 (8.5) からベルトの概略の本数 Z を求めることにする．

▶ 表 8.8　細幅 V ベルト 3V の基準伝動容量 P_s[1]　(JIS K 6368) から作成) (単位 [kW])

小プーリ回転速度 n_1 [min^{-1}]	小プーリの呼び外径 d_{e1} [mm]											
	67	71	75	80	90	100	112	125	140	160	180	200
300	0.30	0.35	0.39	0.44	0.55	0.66	0.78	0.92	1.07	1.28	1.48	1.68
500	0.46	0.53	0.60	0.69	0.86	1.03	1.23	1.45	1.70	2.03	2.35	2.67
800	0.68	0.79	0.89	1.03	1.29	1.55	1.87	2.20	2.58	3.08	3.58	4.07
1100	0.88	1.02	1.16	1.34	1.70	2.05	2.46	2.91	3.42	4.08	4.73	5.38
1500	1.12	1.31	1.50	1.73	2.20	2.67	3.21	3.80	4.46	5.32	6.17	6.99
1800	1.28	1.51	1.73	2.01	2.56	3.10	3.74	4.42	5.19	6.19	7.16	8.09

注❶　基準伝動容量の記号 P_s は，伝動容量 P と区別するために本書だけで用いる記号である．

⚙ 例題8.1

定格出力 $P = 0.75$ kW，回転速度 $n_1 = 1500$ min^{-1} の三相交流モータを用い，大プーリの回転速度 n_2 が約 420 min^{-1}，1 日 10 時間最大出力 300% 以下の回転ポンプを運転する．軸間距離 $a \fallingdotseq 420$ mm として，細幅 V ベルトと V プーリを選定せよ．

解　V ベルト：表 8.7 から $K_0 = 1.2$，式 (8.2) から $P_d = K_0 P = 1.2 \times 0.75$
= 0.9 [kW]，図 8.3 から V ベルトの種類は 3V とする．

V プーリの設定：表 8.6 の範囲で，最小呼び径 67 [mm] 以上で直径の

比 $\dfrac{d_{m2}}{d_{m1}}$ が回転比 $r = \dfrac{1500}{420} = 3.571$ に近い $d_{m1} = 69.8$ [mm]（呼び外

径 $d_{e1} = 71$ [mm]），$d_{m2} = 248.8$ [mm]（呼び外径 $d_{e2} = 250$ [mm]）

のプーリを選定する．このときの回転比は，$r = \dfrac{248.8}{69.8} = 3.564$ となる．

V ベルトの長さ・軸間距離：式 (8.3) から $L = 2a + \dfrac{\pi}{2}(d_{m2} + d_{m1}) +$

$\dfrac{(d_{m2} - d_{m1})^2}{4a} = 840 + 500.5 + 19.07 = 1360$ [mm] となるので，表 8.4

から呼び番号 530，有効周長さ $L_e = 1346$ [mm] を選定する．式 (8.4)

から $B = L_e - \dfrac{\pi}{2}(d_{m2} + d_{m1}) = 1346 - 500.5 = 845.5$ [mm] となるの

8.2　細幅 V ベルト伝動　153

で，軸間距離は $a = \dfrac{B + \sqrt{B^2 - 2(d_{m2} - d_{m1})^2}}{4} = \dfrac{845.5 + 806.7}{4} = 413.1$ [mm].

V ベルトの所要本数：表 8.8 （p.153）から小プーリの呼び外径 $d_{e1} = 71$ [mm]，回転速度 $n_1 = 1500$ [min^{-1}] の条件に対する基準伝動容量は $P_s = 1.31$ [kW] となる．$P_c \fallingdotseq P_s$ として，式 (8.5) （p.152）から，$Z \geqq \dfrac{P_d}{P_c} \fallingdotseq \dfrac{900}{1310} = 0.69$ になるので，$Z = 1$ とする．

答 細幅 V ベルト：3V，呼び番号 530，所要本数 1 本

小プーリ：$d_{e1} = 71$ mm，$d_{m1} = 69.8$ mm，大プーリ：$d_{e2} = 250$ mm，$d_{m2} = 248.8$ mm

軸間距離：$a = 413.1$ mm

⚙ 例題8.2

V ベルトの初張力が大きすぎたり小さすぎたりすると，どのような問題が生じるか調べよ．

解 初張力が大きすぎると，軸に大きな曲げの力がはたらき，軸受の負担やベルトとプーリの摩耗が大きくなる．小さすぎると，ベルトとプーリ間の滑りが大きくなる．また，初張力が適切でないと，ベルトがばたつき振動を起こし，伝動装置の振動や回転速度が変動する．

・8.3 歯付ベルト伝動

8.3.1 歯付ベルト伝動

歯付ベルト伝動は，ベルトとプーリに設けた歯のかみあいによって行われる．**歯付ベルト**（synchronous belt）は**タイミングベルト**ともよばれ，産業機械や OA 機器など広い分野で使われている．このベルト伝動の特長は，以下のとおりである．

1 滑りがなく伝動効率がよい

2 高速伝動が可能である

3 初張力が小さくてよい

8.3.2 歯付ベルトの種類

一般用歯付ベルトには，XL，L，H，XH，XXH の種類がある[73]．一般用歯付ベルトの種類を表 8.9，歯付ベルトの種類の選択を図 8.5，一般用歯付ベルトの呼び長さと呼び幅を表 8.10，8.11 に示す[73]．

歯付ベルトの選定は V ベルトの場合と同じであり，設計動力 P_d [kW] と小プーリの回転速度 n_1 [min^{-1}] に合うベルトの種類を図 8.5 から選ぶ．

▶ 表 8.9 一般用歯付ベルトの種類（JIS K 6372 抜粋）（単位 [mm]）

記号	XL	L	H	XH	XXH
p	5.08	9.525	12.700	22.225	31.750
2β [°]	50	40	40	40	40
S	2.57	4.65	6.12	12.57	19.05
h_t	1.27	1.91	2.29	6.35	9.53
最小引張強さ [kN/in[❶]]	2.0	2.7	6.8	9.4	10.8
許容張力 T_a [N/in[❶]]	182	244	623	849	1040

注❶ "in" はインチ（inch）を表し，1 インチ ＝ 25.4 mm である．

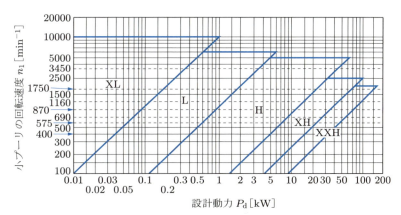

▶ 図 8.5 歯付ベルトの種類の選択（JIS B 1856）

8.3.3 歯付ベルトの幅・長さ

歯付ベルトの幅 b [mm] は，さまざまな係数や遠心力の影響を省略すれば，式 (8.2) の設計動力 P_d [W] から次のようになる．

▶ 表 8.10　一般用歯付ベルトの長さ（JIS B 1856 抜粋）

呼び長さ	ベルト長さ L_e[^1] [mm]	歯数				
		XL	L	H	XH	XXH
210	533.40	105	56	—	—	—
220	558.80	110	—	—	—	—
225	571.50	—	60	—	—	—
230	584.20	115	—	—	—	—
240	609.60	120	64	48	—	—
250	635.00	125	—	—	—	—
255	647.70	—	68	—	—	—
260	660.40	130	—	—	—	—
270	685.80	—	72	54	—	—
285	723.90	—	76	—	—	—
300	762.00	—	80	60	—	—
322	819.15	—	86	—	—	—
330	838.20	—	—	66	—	—
345	876.30	—	92	—	—	—
360	914.40	—	—	72	—	—

注❶　ベルト長さは表 8.4 の有効周長さに相当するので記号 L_e を用いたが，本書だけの記号である.

▶ 表 8.11　一般用ベルトの呼び幅（JIS B 1856 抜粋）

種類	呼び幅	ベルト幅 b[^1] [mm]	種類	呼び幅	ベルト幅 b[^1] [mm]	種類	呼び幅	ベルト幅 b[^1] [mm]
XL	025	6.4	H	075	19.1	XXH	200	50.8
	031	7.9		100	25.4		300	76.2
	037	9.5		150	38.1		400	101.6
L	050	12.7	XH	200	50.8			
	075	19.1		300	76.2			
	100	25.4		400	101.6			

注❶　ベルト幅の記号 b は本書だけの記号である.

$$b \geq \frac{P_d}{(P_r / 25.4)} \text{ [mm]} \tag{8.6}$$

P_r [W/25.4 mm] は，ベルト幅 1 インチ（25.4 mm）あたりの基準伝動容量であり，

$$P_r = \frac{\pi}{60} d_p n_1 T_a \text{ [W / 25.4 mm]} \tag{8.7}$$

156　●Chapter8　ベルト・チェーン

$$d_{\mathrm{p}} = \frac{pz}{\pi}\,[\mathrm{m}] \tag{8.8}$$

である．ここで，$d_{\mathrm{p}}\,[\mathrm{m}]$ はプーリの**ピッチ円直径**，$p\,[\mathrm{m}]$ はピッチ，z はプーリの歯数，$n_1\,[\mathrm{min}^{-1}]$ はプーリの回転速度，$T_{\mathrm{a}}\,[\mathrm{N}/25.4\,\mathrm{mm}]$ は表 8.9 の**許容張力**である．
_{allowable tension}

式 (8.6) の b を満たすベルトの呼び幅を，表 8.11 から決める．また，式 (8.3) において d_{m1}，d_{m2} を d_{p1}，d_{p2} に置き換えてベルトの長さ L を求め，これに適合するベルト長さ L_{e} を表 8.10 から選定する．軸間距離 a は，L_{e} を L に置き換えた式 (8.4) から求める．

⚙ 例題 8.3

張力 $F = 42\,\mathrm{N}$ が作用している XL の歯付ベルトの幅を決めよ．

解 ベルトの幅：表 8.9 から許容張力 $T_{\mathrm{a}} = 182\,[\mathrm{N}/25.4\,\mathrm{mm}]$ であるので，
_{p.155}
幅 1 mm あたりの許容張力は $\dfrac{T_{\mathrm{a}}}{25.4} = \dfrac{182}{25.4} = 7.165\,[\mathrm{N}/\mathrm{mm}]$．張力 F に耐える幅 b は $b \geqq \dfrac{F}{7.165} = 5.86\,[\mathrm{mm}]$．表 8.11 から，ベルト幅
_{p.156}
6.4 [mm] の呼び幅 025 を選定する．

答 呼び幅 025（ベルト幅 6.4 mm）

⚙ 例題 8.4

XL の歯付ベルトを用いた伝動装置において，小・大プーリのピッチ円直径が $d_{\mathrm{p1}} = 22.64\,\mathrm{mm}$，$d_{\mathrm{p2}} = 45.28\,\mathrm{mm}$，軸間距離が $a \fallingdotseq 260\,\mathrm{mm}$ のときのベルトの長さ L と軸間距離 a を求めよ．

解 ベルトの長さ：d_{m1}，d_{m2} を d_{p1}，d_{p2} に置き換えた式 (8.3) から，
_{p.152}

$$L = 2a + \frac{\pi}{2}(d_{\mathrm{p2}} + d_{\mathrm{p1}}) + \frac{(d_{\mathrm{p2}} - d_{\mathrm{p1}})^2}{4a} = 520 + 106.7 + 0.49 = 627.2\,[\mathrm{mm}]$$

となるので，表 8.10 から呼び長さ 250，$L_{\mathrm{e}} = 635.00\,[\mathrm{mm}]$ のベルト
_{p.156}
を選定する．

軸間距離：式 (8.4) から $B = L_{\mathrm{e}} - \dfrac{\pi}{2}(d_{\mathrm{p2}} + d_{\mathrm{p1}}) = 635 - 106.7 = 528.3$
_{p.152}

8.3 歯付ベルト伝動 157

$$[\text{mm}], \quad a = \frac{B + \sqrt{B^2 - 2(d_{p2} - d_{p1})^2}}{4} = \frac{528.3 + 527.3}{4} = 263.9 \, [\text{mm}].$$

答 呼び長さ 250（ベルト長さ 635 mm），軸間距離 $a = 263.9$ mm

例題8.5

設計動力 $P_d = 0.2$ kW，回転速度 $n_1 = 1480$ min^{-1}，ピッチ円直径 $d_{p1} = 48.51$ mm の小プーリに使う XL の歯付ベルトの幅 b [mm] を決めよ．

解 ベルトの幅：$P_d = 200$ [W]，$d_{p1} = 0.04851$ [m]，表 8.9（p.155）から許容張力 $T_a = 182$ [N/25.4 mm]，式 (8.7)（p.156）から $P_r = \dfrac{\pi}{60} d_{p1} n_1 T_a = 684$ [W / 25.4 mm]，式 (8.6)（p.156）から $b \geqq \dfrac{P_d}{(P_r / 25.4)} = 7.4$ [mm]，表 8.11 から呼び幅 031，ベルト幅 7.9 [mm] を選定する．

答 呼び幅 031（ベルト幅 7.9 mm）

8.4 平ベルト伝動

8.4.1 平ベルト伝動

平ベルト伝動は，ゴム，織布，鋼，皮などを用いた帯状のベルトによって動力や回転を伝える．伝動効率は 96〜98% と高く，回転比も 15 程度までと大きくとることができる．

図 8.6 は平ベルトが直径 D [mm] の平プーリ（ベルト車ともいう）に**接触角** θ

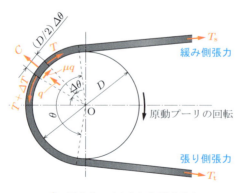

▶ 図 8.6 ベルトに作用する力

（ベルトが巻き付いている平プーリの中心角）で接触して動力を伝えている状態を表す.

プーリの微小な中心角 $\Delta\theta$ [rad] を考える. ベルトの微小長さ $(D/2)\Delta\theta$ において, ベルトの緩み側の張力を T [N], 張り側の張力を $T+\Delta T$ [N], ベルトの遠心力を C [N], プーリに対するベルトの押し付け力を q [N] とすれば,

$$q = (T+\Delta T)\sin\left(\frac{\Delta\theta}{2}\right) + T\sin\left(\frac{\Delta\theta}{2}\right) - C\,[\mathrm{N}] \tag{8.9}$$

となる. ベルトの微小長さ $(D/2)\Delta\theta$ にはたらく遠心力 C は, 式 (1.10) から次のようになる.

$$C = \left\{m\Delta\theta\left(\frac{D}{2}\right)\right\}\left(\frac{D}{2}\right)\omega^2 = \left\{m\Delta\theta\left(\frac{D}{2}\right)\right\}\left(\frac{D}{2}\right)\left(\frac{2v}{D}\right)^2$$
$$= m\Delta\theta\,v^2\,[\mathrm{N}] \tag{8.10}$$
$$v = \frac{\pi Dn}{60}\,[\mathrm{m/s}],\quad \omega = \frac{v}{D/2}\,[\mathrm{rad/s}],\quad m = A\rho\,[\mathrm{kg/m}]$$

ここで, v [m/s] はベルトの速度, $m = A\rho$ [kg/m] はベルトの単位長さあたりの質量, A [m^2] はベルトの断面積, ρ [kg/m^3] はベルトの密度, ω [rad/s] は平プーリの角速度, D [m] は平プーリの直径, n [min^{-1}] は回転速度である. 密度 ρ は, ゴムベルトで約 1.2×10^3 kg/m^3 である.

$\Delta\theta$ は微小角であるので, $\sin(\Delta\theta/2)\fallingdotseq\Delta\theta/2$ になる. したがって, 式 (8.9) は次のようになる.

$$q = \Delta\theta\left(\frac{2T+\Delta T}{2} - mv^2\right)[\mathrm{N}] \tag{8.11}$$

ベルトとプーリの摩擦係数を μ とすれば, 微小部分での摩擦力は μq となる. 円周方向の力のつりあいから $(T+\Delta T) = (T+\mu q)$ になり, この関係から, $q = \Delta T/\mu$ となる. これを式 (8.11) に代入し, $T \gg \Delta T$ として整理すれば, 次のようになる.

$$\mu\Delta\theta = \frac{\Delta T}{T - mv^2} \tag{8.12}$$

摩擦係数 μ は, ゴムベルトと鋳鉄製プーリの場合, $\mu = 0.2\sim0.25$ 程度である. ベルトの張り側の張力を T_t, 緩み側の張力を T_s として式 (8.12) を積分すると, 次式が得られる.

左辺の積分：$\int_0^\theta \mu \mathrm{d}\theta = \mu \theta$

右辺の積分：$\int_{T_s}^{T_t} \dfrac{1}{T - mv^2} \mathrm{d}T = \ln(T_t - mv^2) - \ln(T_s - mv^2)$

$$= \ln\left(\frac{T_t - mv^2}{T_s - mv^2}\right)$$

ln は自然対数であり，e は自然対数の底で $e = 2.718$ である．上式は $\mu\theta = \ln$ $\left(\dfrac{T_t - mv^2}{T_s - mv^2}\right)$ となるので，これを指数関数で表せば，$e^{\mu\theta} = \dfrac{T_t - mv^2}{T_s - mv^2}$ となり，

$$T_s = (T_t - mv^2)e^{-\mu\theta} + mv^2 \,[\mathrm{N}]$$

が得られる．

プーリを回転させる力 $T_e\,[\mathrm{N}]$ を**有効張力**といい，次式で与えられる．
effective tension

$$T_e = T_t - T_s = (T_t - mv^2)\frac{e^{\mu\theta} - 1}{e^{\mu\theta}}\,[\mathrm{N}] \tag{8.13}$$

ベルトの速度が増大すると，プーリに巻き付いたベルトに遠心力が作用して，図 8.6 の押しつけ力 q が減少し，動力が伝えにくくなる．そのために，ゴムベルトでは 24〜26 m/s 以下が適当とされている．

図 8.6 において，張り側の張力 T_t は緩み側の張力 T_s より大きいので，張力によるベルトの断面積は張り側が緩み側よりわずかに小さくなる．そのために，ベルトの進入速度はベルトの退出速度より速くなる．プーリの周速度は一定であるので，接触角 θ の範囲内でプーリとベルトの間に滑りが生じる．この現象をクリーピング作用という．
creeping action

ベルトがプーリに伝える動力 $P\,[\mathrm{W}]$ は，有効張力 $T_e\,[\mathrm{N}]$ とベルトの速度 v [m/s] から，次のようになる．

$$P = T_e v = (T_t - mv^2)v\frac{e^{\mu\theta} - 1}{e^{\mu\theta}}\,[\mathrm{W}] \tag{8.14}$$

⚙️ 例題8.6

定格出力 $P = 1$ kW を伝達する平ベルト伝動装置において，平プーリの直径が $D = 190$ mm，回転速度が $n = 1460$ min^{-1}，接触角が $\theta = 140°$ (= 2.443 rad)，ベルトとプーリ間の摩擦係数が $\mu = 0.3$，ベルトの許容応力が

160 ●Chapter8　ベルト・チェーン

$\sigma_a = 2.5$ MPa，ベルトの密度が $\rho = 10^3$ kg/m³ の場合のベルトの必要断面積 A を求めよ．

解 有効張力：ベルトの速度 $v = \pi Dn/60 = 14.52$ [m/s]，式（8.14）p.160 から有効張力 $T_e = P/v = 68.87$ [N]．

断面積：$e^{\mu\theta} = e^{0.733} = 2.081$，ベルトの単位長さあたりの質量を $m = A\rho$，ベルトの張り側の張力を $T_t \leq A\sigma_a$ として，式（8.13）を A について解くと，$A \geq \dfrac{T_e e^{\mu\theta}}{(e^{\mu\theta}-1)(\sigma_a - \rho v^2)} = \dfrac{68.87 \times 2.081}{(2.081-1)(2.5 \times 10^6 - 10^3 \times 14.52^2)}$
$= 57.9 \times 10^{-6}$ [m²] $\fallingdotseq 58$ [mm²]．

答 $A = 58$ mm²

8.4.2 平プーリ

平プーリの寸法の例を**表 8.12** に示す．プーリをクラウン（中高 なかだか）にするのは，高速運転時にベルトがプーリから外れないようにするためである．

▶ 表 8.12 平プーリの寸法（JIS B 1854）抜粋）

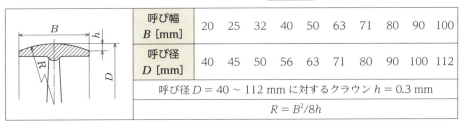

8.5 チェーン伝動

チェーン伝動では，チェーンとスプロケットのかみあいを用いるので，滑りは生じない．チェーンは質量が大きいので，ベルト伝動より低速領域で使用する．

8.5.1 チェーンの種類

チェーン伝動に使われる主なチェーンを，**図 8.7** に示す．

a **ローラチェーン**（roller chain）　低速域から高速域まで広く使われる．
b **ブシュチェーン**（bush chain）　ローラチェーンからローラをはずした構造であり，低速で軽荷重の伝動に使われる．

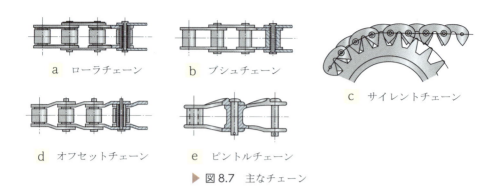

a　ローラチェーン　　b　ブシュチェーン　　c　サイレントチェーン

d　オフセットチェーン　　e　ピントルチェーン

▶ 図 8.7　主なチェーン

c サイレントチェーン（silent chain）　騒音が少なくなるように特殊な構造にしたチェーンである．

d オフセットチェーン（offset chain）　リンク数が奇数であっても環状に接続できるオフセットリンクを用いたチェーンである．

e ピントルチェーン（pintle chain）　リンクとブシュを一体に鋳造したチェーンで，低速伝動や輸送に使われる．

8.5.2　ローラチェーンとスプロケット

ローラチェーンは，**図 8.8** のように，ブシュの回りに回転できるローラをもつチェーンで，広く使われている．ローラチェーンがかみあう**スプロケット**（sprocket）の歯形はチェーンと干渉しない形状になっているので，なめらかに回転を伝えることができる．大きな動力を伝える場合には，ローラチェーンを複数並列にした**多列チェーン**を用いる．

チェーンを使用するときは，次項に留意する．

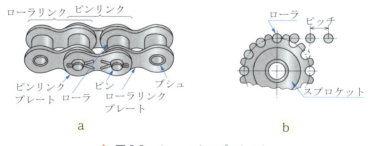

▶ 図 8.8　チェーンとスプロケット

a チェーンの張り方
図 8.9 a のように上を張り側，下を緩み側にし，できる限り水平にするが，傾斜しなければならないときは 60°以内にする．図 b のように上を緩み側にすると，チェーンがスプロケットから離れにくくなるからである．

垂直にしなければならないときは，図 c のようにシューや案内スプロケットをチェーンに当てて，チェーンが緩まないようにする．重力によってチェーンが下がり，下のスプロケットのかみあいが悪くなるからである．

b 防塵・安全対策
全体をカバーでおおうようにして，巻き込みや潤滑油の飛散を防ぐ．

c スプロケットの歯数
歯数 z は 17 以上 70 程度までが適切であるが，低速で軽負荷の場合は，13 程度まで使用できる．歯数が少なすぎるとスプロケットの摩耗が早くなり，なめらかな回転が得られなくなるからである．

d チェーンのリンク数
チェーンの結合には一般に，図 8.10 のような**継手リンク**を用いるので，リンク数は偶数にすることが望ましい．やむをえず奇数にしなければならない場合は，図 8.11 のような**オフセットリンク**を用いる．

e 過負荷対応
大きな負荷（過負荷）が加わったとき，機械が破損しないように，図 8.12 に示す安全装置の工夫をする．この例は，過負荷がかかったときピンがせん断力で破断してほかの部分の破損を防ぐようになっている．

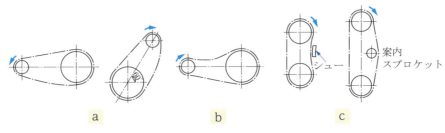

▶ 図 8.9 チェーンの張り方

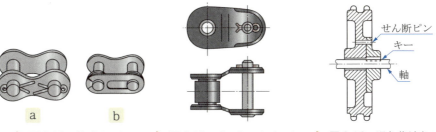

▶ 図 8.10 継手リンク　　▶ 図 8.11 オフセットリンク　　▶ 図 8.12 過負荷対応の例

8.5 チェーン伝動

8.5.3 ローラチェーンの選定

チェーンとスプロケットは次の手順で決める.

a チェーンとスプロケット 設計動力 P_d [kW]（ローラチェーンの規格[74]では"**補正伝達動力** P_c"）は，**伝達動力** P [W] に使用係数や歯形係数を乗じて求めるが，本書では**表 8.13** の**使用係数** f_1 だけを用いて次のようにする[74].

$$P_d = f_1 P \, [\mathrm{W}] \tag{8.15}$$

チェーンの平均速度 v_m [m/s] は，チェーンのピッチ p [m]，小スプロケットの歯数 z_1，小スプロケットの回転速度 n_1 [min^{-1}] から，

$$v_m = \frac{p z_1 n_1}{60} \, [\mathrm{m/s}] \tag{8.16}$$

となる．チェーンの自重，遠心力，緩み側の張力を省略したときの張り側の張力 T_t [N] は，設計動力 P_d [W] から次のようになる.

$$T_t = \frac{P_d}{v_m} \, [\mathrm{N}] \tag{8.17}$$

ローラチェーンの許容荷重は，最小引張強さの 1/7 とされている．したがって，式（8.17）の 7 倍以上の最小引張強さをもつローラチェーンを**表 8.14** から選ぶ．呼び番号の最後の桁は，0 がローラチェーン，5 がローラのないチェーンを表し，それ以外の数値はピッチ p が 1/8 インチ（3.175 mm）の何倍であるかを示している.

小スプロケットと大スプロケットの歯数を z_1，z_2 とすれば，**回転比** r は，

$$r = \frac{z_2}{z_1} \tag{8.18}$$

となる．一般に，回転比 r は最大 8 程度にする.

▶ **表 8.13** 使用係数 f_1 （ JIS B 1810 ）から作成）

被動機の特性	使用機械	モータ	内燃機関
平滑な伝動	遠心ポンプ，コンプレッサ，送風機などの負荷変動の少ない一般機械	1.0	1.2
中程度の衝撃	一般工作機械，一般建設機械，多少負荷変動のあるコンベアなど	1.3	1.4
大きな衝撃	クラッシャ，振動機械，掘削機，プレスなど	1.5	1.7

▶ 表 8.14　A 系ローラチェーン[1]の寸法（JIS B 1801 抜粋）（単位 [mm]）

呼び番号	ピッチ p	ローラ外径 d_R[2]	内リンク内幅 b_1	内プレート高さ h_2	最小引張強さ（1列）[kN]
25 (04C)	6.35	3.30	3.10	6.02	3.5
35 (06C)	9.525	5.08	4.68	9.05	7.9
40 (08A)	12.70	7.92	7.85	12.07	13.9
50 (10A)	15.875	10.16	9.40	15.09	21.8
60 (12A)	19.05	11.91	12.57	18.10	31.3
80 (16A)	25.40	15.88	15.75	24.13	55.6
100 (20A)	31.75	19.05	18.90	30.17	87.0
120 (24A)	38.10	22.23	25.22	36.20	125.0
140 (28A)	44.45	25.40	25.22	42.23	170.0
160 (32A)	50.80	28.58	31.55	48.26	223.0

注❶　A 系は日本や米国で広く用いられているタイプで，括弧内の呼び番号は ISO 606 による．
❷　JIS B 1801 では，ローラ外径の記号は d_1 であるが，ピッチ円直径などの記号と混同するおそれがあるので，本書では記号を d_R とした．

歯数を z，ピッチを p，ローラ外径を d_R とするとき，図 8.13 に示すスプロケットのピッチ円直径 d，外径 d_a，歯底円直径 d_f は次のようになる．

$$d = \frac{p}{\sin(\pi/z)} \text{ [mm]} \tag{8.19a}$$

$$d_a = p\left\{0.6 + \cot\left(\frac{\pi}{z}\right)\right\} \text{ [mm]} \tag{8.19b}$$

$$d_f = d - d_R \text{ [mm]} \tag{8.19c}$$

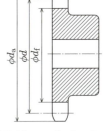

▶ 図 8.13　スプロケットの寸法

ローラ外径 d_R とピッチ p などの寸法は表 8.14 による[75]．

b　チェーンのリンク数　ローラチェーンの規格[74]によるリンク数や軸間距離の導出は面倒であるので，本書では歯付ベルトと同じ手順でこれらを求めることにする（上記規格と同等の結果が得られる）．リンク数 X は，ピッチ p [mm]，軸間距離 a [mm] から，

$$X = \frac{2a}{p} + \frac{z_1 + z_2}{2} + \frac{p}{a}\left(\frac{z_2 - z_1}{2\pi}\right)^2 \tag{8.20}$$

となり，チェーンの長さは pX [mm] になる．リンク数 X は前述したように，でき

る限り偶数にすることが望ましい.

C **軸間距離** 軸間距離 a [mm] は次式から求める.

$$a = \frac{p}{4}\left\{ B + \sqrt{B^2 - 2\left(\frac{z_2 - z_1}{\pi}\right)^2} \right\} \text{[mm]}$$

$$B = X - \frac{z_2 + z_1}{2}$$

(8.21)

軸間距離 a は, ピッチ p に対して次のような値が妥当とされている.

$$a = (30 \sim 50)p \text{ [mm]}$$

(8.22)

例題8.7

伝達動力 $P = 1.5$ kW, 小スプロケットの回転速度 $n_1 = 400$ min^{-1}, 回転比 $r = 2$, 軸間距離 $a \fallingdotseq 500$ mm とするとき, 多少負荷変動のあるコンベアを駆動するローラチェーンを選択せよ.

解 **ピッチと歯数の仮設定**: $p = 12.7$ [mm] の呼び番号 40 のチェーンと, 歯数 $z_1 = 18$ のスプロケットを仮に用いることにする.

チェーンとスプロケット: 式 (8.16) から $v_m = \dfrac{p z_1 n_1}{60} = 1.52$ [m/s], 表 8.13 から $f_1 = 1.3$, 式 (8.15) から $P_d = f_1 P = 1950$ [W], 式 (8.17) から $T_t = \dfrac{P_d}{v_m} = 1283$ [N], 表 8.14 からチェーンの最小引張強さは 13.9 [kN] = 13900 [N], よって, $\dfrac{13900}{T_t} = 10.8 > 7$ となるので, 強度は満たされる. 式 (8.18) から大スプロケットの歯数 $z_2 = r z_1 = 36$, 式 (8.19a) から $d_1 = \dfrac{p}{\sin(\pi / z_1)} = 73.14$ [mm], $d_2 = \dfrac{p}{\sin(\pi / z_2)} = 145.72$ [mm] になる ($d_2 = r d_1$ にはならないことに注意).

リンク数: 式 (8.20) から $X = \dfrac{2a}{p} + \dfrac{z_1 + z_2}{2} + \dfrac{p}{a}\left(\dfrac{z_2 - z_1}{2\pi}\right)^2 = 78.74 + 27 + 0.21 = 105.95$, よって, リンク数 $X = 106$ とする.

軸間距離: 式 (8.21) から $B = X - \dfrac{z_1 + z_2}{2} = 79$,

$$a = \frac{p}{4}\left\{B + \sqrt{B^2 - 2\left(\frac{z_2 - z_1}{\pi}\right)^2}\right\} = 3.175 \times (79 + 78.58) = 500.3 \,[\text{mm}],$$

a はピッチ p の約 39 倍で，式 (8.22) を満たす．
p.166

答 ローラチェーン：呼び番号 40，リンク数 $X = 106$
スプロケットの歯数：小スプロケット $z_1 = 18$，大スプロケット $z_2 = 36$
スプロケットのピッチ円直径：$d_1 = 73.14$ mm，$d_2 = 145.72$ mm
軸間距離：$a = 500.3$ mm

・8.6 機械式無段変速装置

摩擦力によって回転を伝えることを**摩擦伝動**という．摩擦伝動では，滑りが発生
friction drive
するので正確な回転比を得ることは難しいが，急激な負荷が作用した場合には，滑
りによって原動側の過負荷を防止することができる．摩擦伝動は，<u>無段変速装置</u>に
利用されることが多い．

図 8.14 は，ベルトと溝幅可変プーリからなる無段変速装置である．スプライン
軸に取り付けられた円すい板（溝幅可変プーリ）を軸方向に動かして溝幅を変え
る．これによって，プーリ直径（表 8.5 脚注の d_m）が変わり，連続的に任意の回

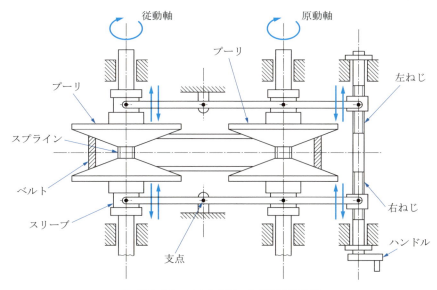

▶ 図 8.14 ベルトを用いた無段変速装置

転比を得ることができる．

演習問題
解答は p.221

☐ **8.1** 定格出力 $P = 2.5$ kW，回転速度 $n_1 = 1450$ min^{-1} のモータによって，工作機械の主軸を $n_2 = 725$ min^{-1} で回転させるときの細幅 V ベルトとプーリ，軸間距離を決めよ．ただし，2 軸の軸間距離を $a \fallingdotseq 450$ mm，小プーリの呼び外径を $d_{e1} = 100$ mm，過負荷係数を $K_0 = 1.2$ とする．なお，ベルトの本数は考えないことにする． 8.2 節

☐ **8.2** 2 気筒の内燃機関と細幅 V ベルトを用いて，回転速度 $n_2 = 1200$ min^{-1} で 1 日 8 時間普通運転する遠心ポンプがある．2 気筒の内燃機関の定格出力が $P = 5.5$ kW，回転速度が $n_1 = 1500$ min^{-1}，軸間距離が $a \fallingdotseq 450$ mm のとき，細幅 V ベルトとプーリを決めよ．ただし，小プーリは呼び外径 $d_{e1} = 100$ mm を使用し，ベルトの本数は考えないことにする． 8.2 節

☐ **8.3** 伝達動力 $P = 1.5$ kW で，小スプロケットの回転速度 $n_1 = 300$ min^{-1}，回転比 $r = 2.5$，軸間距離 $a \fallingdotseq 500$ mm のローラチェーン伝動装置を設計せよ．ただし，使用係数は $f_1 = 1.3$ とする． 8.5 節

☐ **8.4** 歯数 $z = 25$，ピッチ $p = 12.7$ mm のローラチェーン用のスプロケットがある．このスプロケットが回転速度 $n = 500$ min^{-1}，伝達動力 $P = 2.5$ kW を伝えているとき，チェーンに作用する張力 T_t [N] と安全率 S を求めよ．ただし，使用係数は $f_1 = 1.3$ とする． 8.5 節

☐ **8.5** 演習問題 8.4 で回転比 $r = 4$，軸間距離 $a \fallingdotseq 980$ mm としたときのチェーンのリンク数 X を求めよ． 8.5 節

☐ **8.6** 図 8.14 以外の機械式無段変速装置の機構を調べよ． 8.6 節

chapter 9 クラッチ・ブレーキ・つめ車

キーワード
- かみあいクラッチ ●摩擦クラッチ
- 摩擦ブレーキ ●回生ブレーキ ●つめ車

回転や動力を伝達したり遮断する機械要素がクラッチである．また，機械の運動エネルギーを熱エネルギーや電気エネルギーに換えて減速させる機械要素がブレーキである．逆回転を防止したり間欠運動させる機械要素がつめ・つめ車である．

9.1 クラッチ

クラッチ(clutch)は，動力源を止めることなく，従動側へ運動や動力を伝達する機械要素である．クラッチには，つめをかみあわせる**かみあいクラッチ**(claw clutch)，摩擦板を用いた**摩擦クラッチ**(friction clutch)，パウダ（粉体）を用いた**パウダクラッチ**(powder clutch)，流体を利用した**流体クラッチ**(fluid clutch)などがある．

9.2 かみあいクラッチ

かみあいクラッチは，軸の回転が非常に低速か停止しているときに，つめをかみあわせる．図 9.1 にかみあいクラッチを示す．

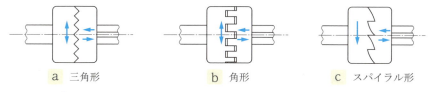

a 三角形　　b 角形　　c スパイラル形

▶ 図 9.1　かみあいクラッチの主なつめの形と接続可能な回転方向

POINT　つめの数が多いと，たくさんのつめで動力を伝えられるが，つめの加工精度が高くないと，2～3 個程度のつめだけのかみあいになる．また，どの位置でもかみあいができるようにしたい場合にはつめの数を多くするが，経験上最大 24 程度とする．

9.3 摩擦クラッチ

摩擦クラッチは，動力伝達用として広く用いられている．後述する図 9.2 のよう

に，従動側のクラッチ板は，回転している原動側のクラッチ板に押し付けられると，滑りを起こしながら原動側の回転に近づいていく．接触部分は摩耗するが，クラッチの滑りは過負荷がかかったときの逃げになるので，安全装置の役目も担っている．接触に使われる摩擦材料は，

1 摩擦係数が大きく，温度などの環境の変化に対して安定である
2 摩耗しにくい
3 耐熱性が高く，熱伝導率が大きい
4 加工がしやすく，強度も高い
5 安価である

などであることが望ましい．主な摩擦材料の特性を**表 9.1** に示す．従動側と原動側の回転速度が同じになるまでクラッチ板は滑っているので，摩擦係数として**動摩擦係数**を用いる．

▶ 表 9.1　主な摩擦材料の特性

材料	摩擦係数 μ			許容接触面圧 p_a [MPa]
	乾燥	グリース	油	
鋳鉄：鋳鉄	0.15〜0.20	0.05〜0.10	0.05〜0.10	1.0〜2.0
鋳鉄：鋼	0.25〜0.35	0.07〜0.12	0.06〜0.10	0.8〜1.4
鋳鉄：青銅	0.2	0.05〜0.10	0.05〜0.10	0.5〜0.8
鋳鉄：木材	0.20〜0.35	0.08〜0.12	0.08〜0.10	—

9.3.1　円板クラッチ

　摩擦板が円板であるクラッチを円板クラッチという．原動側と従動側の摩擦板が
disc clutch
1 枚ずつの**図 9.2** a を**単板クラッチ**，摩擦円板を交互に多数並べた図 b のク
single-plate clutch
ラッチを**多板クラッチ**とよぶ.
multi-plate clutch
　単板クラッチは切れがよく（瞬間的に接続や遮断ができること），比較的小さいトルクの伝達に使われる．

　多板クラッチは接続や遮断がゆるやかになるが，接触面積が大きいので，大動力の伝達に用いられる．摩擦円板を油に浸したクラッチを湿式多板クラッチといい，耐摩耗性と冷却性能に優れている．湿式の場合は摩擦係数が小さくなるので，摩擦板の押し付け力を大きくする．

　円板クラッチの設計では，接触面の圧力が許容接触面圧 p_a を超えないようにす

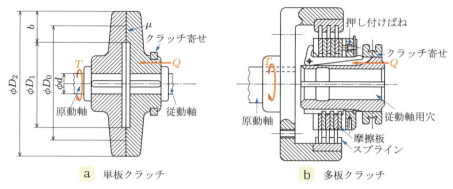

▶ 図9.2 円板クラッチ

る．図9.2 a において，円板を押し付ける力 Q [N] は，

$$Q \leqq \frac{\pi(D_2^2 - D_1^2)}{4} p_a = \frac{\pi(D_2 + D_1)}{2} \cdot \frac{(D_2 - D_1)}{2} p_a$$
$$= \pi D_0 b p_a \text{[N]} \tag{9.1}$$

$$D_0 = \frac{D_2 + D_1}{2} \text{[m]}, \quad b = \frac{D_2 - D_1}{2} \text{[m]}$$

となる．ここで，D_1 [m] は円板の内径，D_2 [m] は円板の外径，p_a [Pa] は表 9.1 の許容接触面圧，D_0 [m] は摩擦面の平均直径，b [m] は摩擦面の幅である．

摩擦面の数を N_p（単板クラッチでは $N_p = 1$），接触面の摩擦係数を μ とすれば，伝達できるトルク T [N·m] は，次のようになる．

$$T = N_P \left(\frac{D_0}{2}\right) \mu Q \leqq \frac{N_P \mu \pi D_0^2 b p_a}{2} \text{ [N·m]} \tag{9.2}$$

押し付け力 Q は，レバーや油圧，電磁力などによって与えるが，それぞれの特徴を**表9.2**に示す．

▶ 表9.2 クラッチの作動方式

機械方式	カム・レバー・リンクなどによって人間の手や足の力を拡大し，作動させる．安価であるが，力の大きさや接続・遮断の回数に限界がある．
油圧式	油圧を利用した方式で，押し付け力を大きくすることができるので，伝達トルクも大きくなる．油圧ポンプ・配管・制御弁などが必要となる．
電磁式	制御が簡単で遠隔操作も可能である．爆発の危険があるところでは注意が必要である．

9.3 摩擦クラッチ　171

> **例題9.1**
>
> 単板クラッチ（$N_p = 1$）を用いて，$P = 2.2$ kW，$n = 600$ min^{-1} の動力を伝達するときの円板の内径 D_1，外径 D_2 を求めよ．ただし，摩擦係数を $\mu = 0.25$，許容接触面圧を $p_a = 0.1$ MPa，$D_1/D_2 = 0.6$ とする．

解 トルク：式(1.8)（p.16）から，トルク $T = \dfrac{30P}{\pi n} = \dfrac{30 \times 2.2 \times 10^3}{\pi 600} = 35\,[\text{N·m}]$

式(9.1)（p.171）の D_1, D_2, D_0, b : $\dfrac{D_1}{D_2} = 0.6$ から $D_0 = \dfrac{D_1 + D_2}{2} = 0.8D_2$ となるので，$D_2 = 1.25D_0$，$D_1 = 0.75D_0$，$b = \dfrac{D_2 - D_1}{2} = 0.25D_0$，これを式(9.2)（p.171）に代入して D_0 について解くと，

$$D_0 \geq \sqrt[3]{\dfrac{2T}{0.25 N_p \mu \pi p_a}} = \sqrt[3]{\dfrac{70}{19635}} = 0.1528\,[\text{m}] = 152.8\,[\text{mm}]$$

視点 接触面積が計算値より小さくならないように D_1 は小さめ，D_2 は大きめにして，$D_1 = 0.75 D_0 = 114.6 ≒ 114$ [mm]，$D_2 = 1.25 D_0 = 191$ [mm] とする．

答 $D_1 = 114$ mm，$D_2 = 191$ mm

9.3.2 円すいクラッチ

円板クラッチの円板を円すい形にした図9.3のクラッチを**円すいクラッチ**（cone clutch）という．摩擦面が円すい状であるので，摩擦面に垂直な押し付け力が大きくなって，伝達トルクが大きくなる．

> **POINT** β が小さすぎると着脱が難しく，大きすぎると伝達トルクが低くなる．一般に，図の β は 10°～15° 程度にする．

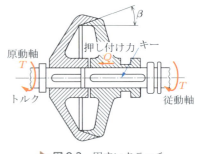

▶ 図9.3 円すいクラッチ

9.4 その他のクラッチ

ほかに，図9.4のようなクラッチがある．

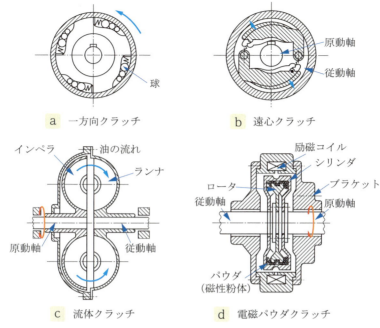

▶ 図 9.4　円板クラッチ

a 一方向クラッチ
図 a のように，球やまゆ形の駒が原動側と従動側の回転体の間に一方向だけ（矢印方向）にくい込み，回転や動力を伝えるクラッチを**一方向クラッチ** one-way clutch という．

b 遠心クラッチ
図 b のように，回転による遠心力を利用して駒が摩擦面に接触するようにしたクラッチを**遠心クラッチ** centrifugal clutch という．原動軸がある回転速度に達すると，クラッチが自動的に接続される．

c 流体クラッチ
図 c のように，原動側インペラ（ポンプの羽根車）の回転によって生じる流体の流れを従動側のランナ（タービンの羽根車）に当ててトルクを伝達するクラッチを**流体クラッチ** fluid clutch という．

d 電磁パウダクラッチ
図 d のように，シリンダとロータとの間のギャップにパウダ（磁性粉体）を入れてコイルに電流を流すと，シリンダ内のパウダは磁力によって鎖状になる．これによって，シリンダとロータの間に摩擦力が生じ，トルクを伝える．このクラッチを**電磁パウダクラッチ** electromagnetic powder clutch という．電流を切るとパウダはばらばらになって，遠心力でシリンダの内側に押し付けられる．

9.4　その他のクラッチ　173

9.5 摩擦ブレーキ

ブレーキは，直線運動や回転運動の速度を下げたり，停止させるための機械要素である．**摩擦ブレーキ**の原理は，運動エネルギーを熱エネルギーに換えることである．ブレーキは作動方式によって次のように分類される．

1. 半径方向に作動するブレーキ：ブロックブレーキ，バンドブレーキなど
2. 軸方向に作動するブレーキ：ディスクブレーキ，円すいブレーキなど
3. 特殊ブレーキ：遠心ブレーキなど

> **POINT** ブレーキは小さい力を与えて大きな摩擦力を得る機構にするので，十分な強度をもつ構造でなければならない．

9.5.1 単ブロックブレーキ

図 9.5 の**単ブロックブレーキ**は，単純な構造で確実に作動するので，車両などに使われている．

a ブレーキトルク 図 9.5 のように，ブレーキドラムとブレーキブロックの間の摩擦係数を μ，ブレーキブロックの押し付け力を F [N]，ブレーキドラムの直径を D [m] とすれば，ブレーキ力 f [N] とブレーキトルク T [N·m] は次のようになる．

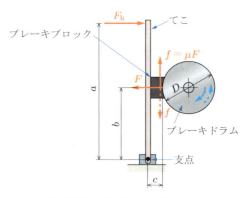

▶ 図 9.5 単ブロックブレーキ

$$f = \mu F \text{ [N]}$$
$$T = \frac{fD}{2} = \frac{\mu F D}{2} \text{ [N·m]} \tag{9.3}$$

ブレーキトルク T を大きくするために，図のようなてこや油圧などを利用して押し付け力 F を大きくする．てこを用いる場合，てこを動かす力を F_h [N] とすると，図から，

$$aF_h = bF \pm cf \text{ [N·m]} \tag{9.4}$$

となる．ここで，a [m]，b [m]，c [m] は支点からの距離，符号±は，図においてドラムが時計回りの場合を（＋），反時計回りの場合を（－）とする．

式 (9.3)，(9.4) から，押し付け力 F [N] は次のようになる．

$$F = \frac{aF_h}{b \pm \mu c} \text{ [N]} \tag{9.5}$$

手動によっててこを動かす場合の力 F_h [N] は,

$$F_h = 100 \sim 150 \ (\text{最大で } 200) \text{ [N]} \tag{9.6}$$

程度とする.てこ比 a/b は,3~6(最大で 10)とするとよい.

b ブレーキ容量 ブレーキドラムに接触しているブレーキブロックの押し付け圧力を p [Pa],ブレーキブロックの接触面積(図 9.5 の水平方向投影面積)を A [m²],押し付け力を F [N],ブレーキドラムの周速を v [m/s] とすれば,単位面積・単位時間あたりの仕事は次式になる.

$$\mu\left(\frac{F}{A}\right)v = \mu p v \text{ [Pa·m/s]}, \quad p = \frac{F}{A} \text{ [Pa]} \tag{9.7}$$

p の代わりに**許容押し付け圧力** p_a を用いた($\mu p_a v$)を**ブレーキ容量**といい,次式を満たすようにする.
_{brake capacity}

$$\mu p v \leqq \mu p_a v \text{ [Pa·m/s]} \tag{9.8}$$

ブレーキ容量の例を**表 9.3** に示す.

A [m²] は p_a [Pa] と式 (9.3) のブレーキ力 f [N] から,次のようになる.

$$A \geqq \frac{F}{p_a} = \frac{f}{\mu p_a} \text{ [m²]} \tag{9.9}$$

許容押し付け圧力の例を**表 9.4** に示す.

ブレーキの設計では,式 (9.8) と式 (9.9) を満たすように接触面積 A を決める.

▶ 表 9.3　ブレーキ容量 $\mu p_a v$

使用条件	ブレーキ容量 $\mu p_a v$ [MPa·m/s]
放熱がよい場合	3 以下
短時間使用の場合	2 以下
長時間使用の場合	1 以下

▶ 表 9.4　鋳鉄・鋼に対するブレーキ材の特性

材料	許容押し付け圧力 p_a [MPa]	摩擦係数 μ	
		乾式	湿式
鋳鉄	0.93~1.72	0.1~0.2	0.08~0.12
軟鋼	0.83~1.47	0.1~0.2	—
木材	0.05~0.3	0.15~0.35	—

9.5　摩擦ブレーキ　175

例題9.2

図9.5において，ブレーキドラムにトルク $T = 20$ N·m が作用している．ドラムが反時計回りのとき，ドラムを停止させるために必要なてこの先端にかける力 F_h を求めよ．ただし，図9.5で $a = 1000$ mm, $b = 300$ mm, $c = 50$ mm, $D = 350$ mm, $\mu = 0.25$ とする．

解 力 F_h：式（9.4）に式（9.3）を代入してまとめると，$F_h = \dfrac{bF - cf}{a} = \dfrac{F(b - \mu c)}{a} = \dfrac{2T(b - \mu c)}{\mu D a} = \dfrac{11.5}{0.0875} = 131$ [N] となる．F_h は式（9.6）の範囲内にある．

答 $F_h = 131$ N

9.5.2 複ブロックブレーキ

単ブロックブレーキでは，押し付け力 F によってブレーキドラムの軸に一方向の力が作用して，曲げモーメントがはたらく．しかし，図9.6の**複ブロックブレーキ**（double block brake）では，押し付け力が対向してつりあうので，ブレーキドラム軸に曲げモーメントは生じない．

てこによるブレーキ力 f [N] とブレーキトルク T [N·m] は，図から次のようになる．

$$f = \mu F = \dfrac{a \mu F_h}{b} \text{ [N]} \quad (9.10)$$

$$T = 2 \times \dfrac{fD}{2} = fD \text{ [N·m]} \quad (9.11)$$

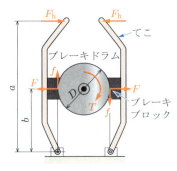

▶ 図9.6 複ブロックブレーキ

POINT 複ブロックブレーキは，鉄道の貨物車両などの車輪ブレーキに使われている．

9.5.3 ドラムブレーキ

ドラムブレーキ（drum brake）は，図9.7のように，2個のブレーキシューがカムや油圧によってブレーキドラムの内側に接触するようになっている．複ブロックブレーキと同様に，押し付け力 F がつりあって，ブレーキドラムの軸に曲げモーメントは生じな

い．

2個のシューにはたらく摩擦力 f_1 [N]，f_2 [N] は，式 (9.5) と同様に，ブレーキシューを押し付ける力 F [N] と摩擦係数 μ から次のようになる．

$$f_1 = \frac{a\mu F_h}{b-\mu c} \text{[N]} \quad (9.12\text{a})$$

$$f_2 = \frac{a\mu F_h}{b+\mu c} \text{[N]} \quad (9.12\text{b})$$

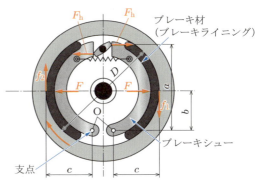

▶ 図 9.7　ドラムブレーキ

ブレーキトルク T [N·m] は次のようになる．

$$T = \frac{(f_1+f_2)D}{2} = \frac{a\mu bDF_h}{b^2-\mu^2 c^2} \text{[N·m]} \quad (9.13)$$

9.5.4　バンドブレーキ

図 9.8 に示す**バンドブレーキ**(band brake)は，鋼製バンドをブレーキドラムに巻き付け，接触面に生じる摩擦力を利用する．ブロックブレーキより大きなブレーキ力が得られるので，巻き上げ機などに使われる．

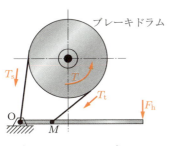

▶ 図 9.8　バンドブレーキ

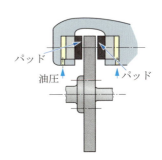

▶ 図 9.9　ディスクブレーキ

9.5.5　ディスクブレーキ

図 9.9 のように，回転するディスクをブレーキパッドではさんで制動するブレーキを**ディスクブレーキ**(disk brake)という．図はパッドの背面を油圧で押してパッドをディスクに接触させる例である．

POINT　ディスクブレーキは，電車や自動車に使われている．

9.5.6 円板ブレーキ，円すいブレーキ，遠心ブレーキ

図 9.2，9.3，9.4 b の従動側を固定してブレーキ作用をさせるブレーキである．

9.5.7 その他のブレーキ

図 9.10 のように，鉄道などでレールにシューを押し付け，車輪をはさんで制動するレール用ブレーキ（カー・リターダ）などがある．

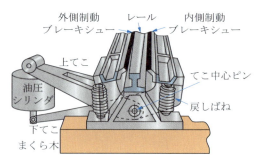

▶ 図 9.10 カー・リターダ

9.6 回生ブレーキ

電車を動かすモータは発電機としての機能ももつので，電車を制動する際にモータを発電機として使えば，ブレーキになる．このように，電車の運動エネルギーを電気エネルギーに変換するブレーキを回生ブレーキ（regenerative brake）という．同様の原理は，ハイブリッド自動車などにも利用されている．

摩擦ブレーキは運動エネルギーを熱に変えて大気に発散させるのに対して，回生ブレーキは電気を回収し，それを架線を通して駅の照明などに再利用してエネルギーの利用効率を向上させている．

9.7 つめ車

図 9.11 に示すつめ（pawl）とつめ車（ratchet drive）は，比較的低速で間欠運動を伝えたり，逆転を防ぐために使われる．つめがつめ車の歯にかみあうために，歯の角度 α を 14°～17° にする．つめ車の歯数を z，つめ車のピッチ円直径を D とすれば，モジュール m は $m = D/z$ によって与えられる．つめ車の寸法の例を表 9.5 に示す．

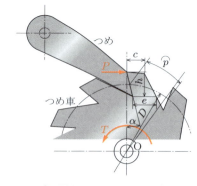

▶ 図 9.11 つめとつめ車

▶ 表 9.5　つめ車の寸法例（単位 [mm]）

| 歯数 z | 歯先の厚さ c | 歯幅 b | | 歯の高さ h | 歯の根元の厚さ e |
		鋳鉄	鋼		
$6 \sim 25$	πm	$(0.5 \sim 1)\,\pi m$	$(0.3 \sim 0.5)\,\pi m$	$0.35\pi m$	$0.5\pi m$

chapter 9　演習問題

解答は p.222

☐ **9.1**　回転速度 $n = 120$ min^{-1} で動力 $P = 16$ kW を伝える図 9.2 **a** の単板クラッチにおいて，摩擦面の幅を $b = 60$ mm とするとき，円板の内径 D_1，外径 D_2 をいくらにしたらよいか．ただし，摩擦係数を $\mu = 0.15$，許容押し付け圧力を $p_a = 1.5$ MPa とする．　　　9.3 節

☐ **9.2**　単板クラッチにおいて，回転速度 $n = 1400$ min^{-1} で動力 $P = 2.2$ kW を伝えるために必要な摩擦板を軸方向に押し付ける力 Q はいくらか．ただし，摩擦板の内径を $D_1 = 200$ mm，外径を $D_2 = 300$ mm，摩擦係数を $\mu = 0.25$ とする．　　　9.3 節

☐ **9.3**　図 9.5 の単ブロックブレーキで，ブレーキドラムにトルク $T = 10$ N·m が作用している．摩擦係数が $\mu = 0.2$ のとき，時計回りに回転する場合と反時計回りに回転する場合のてこに加える力 F_h を比較せよ．ただし，$a = 1000$ mm，$b = 500$ mm，$c = 50$ mm，ブレーキドラムの直径を $D = 300$ mm とする．　　　9.5 節

☐ **9.4**　回転速度 $n = 1000$ min^{-1} で動力 $P = 14.7$ kW を伝える多板クラッチがある．摩擦面の平均直径を $D_0 = 200$ mm，幅を $b = 50$ mm とすれば，摩擦面の数 N_p はいくら必要か．ただし，摩擦係数を $\mu = 0.12$，許容押し付け圧力を $p_a = 0.1$ MPa とする．　　　9.3 節

☐ **9.5**　オートバイや乗用車に使われているディスクブレーキでは，摩擦面が露出している．その理由を考えてみよ．　　　9.5 節

☐ **9.6**　摩擦ブレーキと回生ブレーキの原理と特徴を調べよ．　　　9.5 節　　9.6 節

演習問題　179

chapter 10 リンク・カム

キーワード
●リンク機構　●倍力装置　●カム機構
●間欠運動機構

部材をいくつか組み合わせて力や運動を伝える機構がリンク機構である．特定の形状をした板や円筒などを回転や往復動させ，これに接触する部材に決められた動きをさせる機構がカム機構である．

10.1 リンク機構
10.1.1 てこ機構

リンク装置は，部材を回り対偶や滑り対偶によってつないだ機構である．このような部材を**リンク** (link) といい，**節** ともいう．また，**対偶** (pair) とはリンクとリンクのつなぎをいう．本書では，リンクや支点の弾性変形はわずかであるとして，図 10.1 のように，リンクや支点を剛体とみなす．図のてこ機構において，入力変位 δ_1，出力変位 δ_2 の比を**てこ比** (lever ratio) といい，次のようになる．

▶ 図 10.1　てこ機構

$$\frac{\delta_2}{\delta_1} = \frac{b}{a} \tag{10.1}$$

10.1.2 連　鎖

静止節に対して 360°回転できるリンクを**クランク** (crank) といい，揺動（360°未満の回転）するリンクを**てこ** (lever) という．図 10.2 のように，リンクが対偶によってつながっている機構を**連鎖** (chain) という．

図 a は三つのリンクからなる 3 節連鎖である．この連鎖ではリンクは動くことができないので，**固定連鎖** (locked chain) という．

図 b は，四つのリンク a, b, c, d が回り対偶によってつながっている 4 節連鎖である．たとえば，リンク a を固定してリンク b を回転させると，リンク c を介してリンク d は決まった動きをする．この連鎖を **1 自由度の連鎖**といい，**4 節リンク機構**とよぶ．1 自由度とは，一つのリンクの動きが決まれば，ほかの動きが決まる機構をいう．リンク a を**静止節** (fixed link)，リンク b を**原動節** (driver)，リンク c を**中間節** (connector)，リ

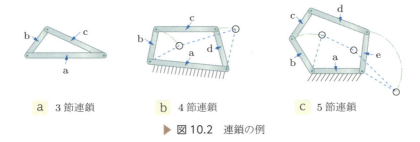

a 3節連鎖　　b 4節連鎖　　c 5節連鎖

▶ 図 10.2　連鎖の例

ンク d を**従動節**という．
　図 c は五つのリンクからなる 5 節連鎖である．5 節連鎖では，リンク a を固定してリンク b を動かしたとき，リンク c, d, e は自由に動くことができるので，この連鎖を**不限定連鎖**という．しかし，リンク b のほかにリンク e にも決まった動きを与えれば，リンク c, d の動きも決まる．二つのリンクに動きを与えればすべてのリンクの動きが決まるので，この連鎖を **2 自由度の連鎖**とよぶ．

10.2　4 節リンク機構

　リンクが相対運動できる連鎖で，一つのリンクを固定して静止させた連鎖を**機構** (mechanism) という．固定したリンクを静止節という．4 節リンク機構は，固定するリンクの違いによって図 10.3 のような動きをする．このように，静止節を変えることを**機構の交替** (kinematic inversion) という．

a てこクランク機構　　b 両クランク機構　　c 両てこ機構

▶ 図 10.3　機構の交替

a てこクランク機構　図 a ではリンク b が 1 回転するとリンク d は揺動運動するので，この機構を**てこクランク機構** (lever crank mechanism) という．リンク d を原動節，リンク b を従動節とする場合，リンク b, c が一直線になる 1'-2', 1''-2'' の位置では，リンク b の回転

10.2　4 節リンク機構　181

方向が定まらなくなる．この位置を**思案点**または**死点**という．
change point　　dead point

てこクランク機構の応用として，図 10.4 の**早戻り機構**がある．クランク b が時
quick return motion
計回りに一定の回転速度で回転すると，てこ d は 2″ → 2′，2′ → 2″ の行程で揺動する．それぞれの行程に対応するクランク b の回転角を α，β とおけば，α > β であるので，スライダ f は右へ行くときは遅く，左へ戻るときは速くなる．

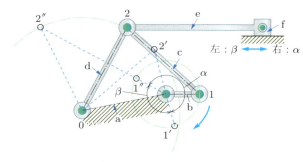

▶ 図 10.4　早戻り機構

b **両クランク機構**　図 10.3 b はリンク b と d が 360° 回転できるので，**両クランク**
double crank mechanism
機構という．図 10.5 の**送風機**は，この機構を利用した例である．六角形の軸は，
blower
ケースの中心 O_2 に対して偏心した位置 O_1 を中心に回転する．平板 c は，一端を六角形軸の頂点に，他端を O_2 回りに回転するバー b につながっている．吸い込まれた空気は，矢印のように圧縮されて吐き出される．

c **両てこ機構**　図 10.3 c のように，原動節 b と従動節 d の両方が揺動する機構を**両**
てこ機構という．この機構の応用例として，図 10.6 の**かじとり機構**があげられる．
double lever mechanism　　　　　　　　　　　　　　　　　　　　　　steering mechanism

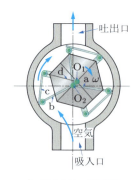

▶ 図 10.5　送風機

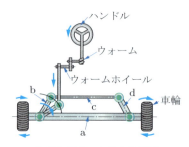

▶ 図 10.6　かじとり機構

10.3 滑り対偶をもつ4節リンク機構

4節リンク機構の回り対偶の一つまたは二つを滑り対偶におきかえると，次のような動きが得られる．

a スライダクランク機構　4節リンク機構のどれか一つの回り対偶を滑り対偶におきかえた機構を，**スライダクランク機構** (slider crank mechanism) という．この場合，どのリンクを固定するかで動きが変わる．

図10.3 a でリンクaを固定し，リンクdを滑り対偶にすれば，図10.7 a のような動きが得られる．リンクdを**スライダ** (slider) という．リンクaの溝の半径Rを無限大にすれば，図 b のように，スライダは往復直線運動をする．代表的な例が内燃機関の**往復動エンジン** (reciprocating engine) であり，リンクcは連接棒（コネクティングロッド）とよばれる．

b 揺動スライダクランク機構　図10.8 は**揺動スライダクランク機構** (oscilating slider crank mechanism) であり，早戻り機構の一つである．原動節bが時計回りに回転速度一定で回転すると，従動節dはαの回転角の範囲では右方向に動き，βの回転角の範囲では左方向に動く．$\alpha > \beta$ であるので，右方向の動きが遅くなる．

c ダブルスライダクランク機構　4節リンク機構で，二つの回り対偶を滑り対偶におきかえた機構を**ダブルスライダクランク機構** (double slider crank mechanism) という．図10.9 のように，スライダa

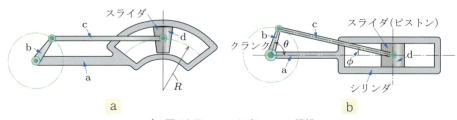

▶ 図10.7　スライダクランク機構

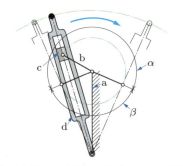

▶ 図10.8　揺動スライダクランク機構

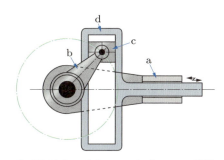

▶ 図10.9　ダブルスライダクランク機構

10.3　滑り対偶をもつ4節リンク機構　183

とリンクd，スライダcとリンクdは滑り対偶になっている．ダブルスライダクランク機構は，どのリンクを固定するかによって動きが変わる．この機構を利用した例が，**図10.10**の**オルダム軸継手**（図5.13参照）である．これは，2軸の中心線が平行で大きくずれている場合に使用できる軸継手である．aを回転させるとdがaの溝に沿って動き，同時に，dはcの溝に沿って滑りながらcに運動を伝える．

d クロススライダ機構 四つのリンクが一つの回り対偶と一つの滑り対偶をもつ図10.11を，**クロススライダ機構**（cross slider mechanism）という．

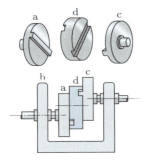

▶ 図10.10 オルダム軸継手

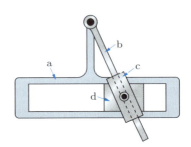

▶ 図10.11 クロススライダ機構

10.4 平行・直線運動するリンク機構

図10.12は，4節リンクの対向するリンクの長さを同じにした**平行クランク機構**（parallel crank mechanism）である．リンクaを固定すると，リンクcはリンクaに対して平行に動く．

平行クランク機構を利用した例として，次のようなものがある．

a リンク式製図機械 図10.13は，製図板上のどこへでも平行線を描くことができる**リンク式製図機械**（link type drafting machine）（JIS Z 8114）である．

b ロバーバル秤 図10.14は，平行四辺形のリンク機構の対向するリンクaとcの中

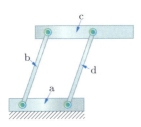

▶ 図10.12 平行クランク機構

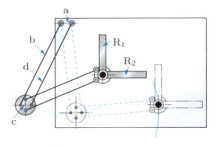

▶ 図10.13 製図機械

央を回転支持して，左右の皿が平行に上下動する**ロバーバル秤**である．図の右側の
皿のように，分銅 m_1 を皿のどの位置に置いてもつりあう．

c **パンタグラフ** 電車の屋上に取り付けられた菱形の集電装置や，図を拡大縮小する
器具などを**パンタグラフ**（pantograph）という．図 10.15 の図を拡大縮小する器具で T_1 に取り付
けた針で原図をなぞれば，T_2 に取り付けたペンが $l_2/(l_1 + l_2)$ の割合で縮小された
図を描き，T_2 に針を取り付けて原図をなぞれば，T_1 に取り付けたペンで $(l_1 + l_2)/l_2$ の割合で拡大された図を描くことができる．

d **平行ばね機構** 図 10.16 は，4 節リンク機構の回り対偶をばねにおきかえた**平行ば
ね機構**（parallel spring mechanism）である．変位 δ を与えると，テーブルは平行運動する．対偶での遊びや摩擦
がないので，テーブルを微小変位させる場合に用いられる．

e **スコットラッセル式直線運動機構** 図 10.17 はスコットラッセル式直線運動機構で
ある．リンク a を固定してリンク b，c と e の長さを同じにし，リンク d の長さをで
きる限り大きくする．リンク b を図のような位置を中心に狭い範囲で回転させると，

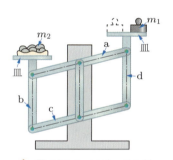

▶ 図 10.14 ロバーバル秤

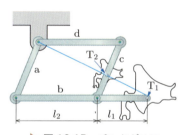

▶ 図 10.15 パンタグラフ

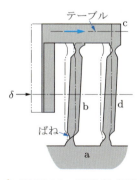

▶ 図 10.16 平行ばね機構

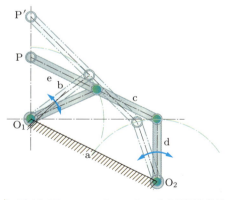

▶ 図 10.17 スコットラッセル式直線運動機構

10.4 平行・直線運動するリンク機構 185

点Pは点O_1を通る直線に近い動きをする.

f　レージトング　図10.18は平行クランク機構を数多く組み合わせた機構で，**レージトング**（lazy tongue）とよばれる．点Eをわずかに動かすと，先端の点Fが水平方向に大きく移動する．門扉などに使われる．

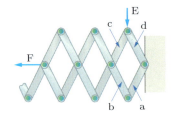

▶ 図10.18　レージトング

10.5　倍力装置

小さな力で大きな力を発生させる機構を**倍力装置**（トグル装置ともいう）という．図10.19において，θが小さいとき，リンクbが回転すると回り対偶aにはたらく力Fのリンクc方向の分力F_2は非常に大きくなる．この大きな力の垂直分力F_pを，スライダdに伝える．この機構は打抜きプレスなどに利用されている．

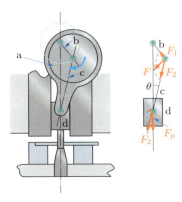

▶ 図10.19　倍力装置

10.6　カム機構

機械によっては，特定の動きをさせたり，ある時間だけ停止させたいという要求がある．このような動きは，原動節の曲面や溝に従動節を接触させることによって得ることができ，原動節になる部材を**カム**（cam）という．

10.6.1　カムの種類

a　板カム　図10.20のように，板状のカムを**板カム**（plate cam）という．原動節aが回転すると，従動節bは上下方向に直線運動する．

b　直動カム　図10.21は**直動カム**（translation cam）で，原動節aが左右に直線運動すると，従動節bは上下方向に直線運動する．

c　円筒カム　図10.22は**円筒カム**（cylindrical cam）であり，円筒の原動節aが回転すると，円筒の溝にはまっている従動節bが左右に動く．

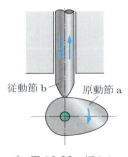

▶ 図10.20　板カム

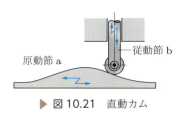

▶ 図 10.21　直動カム

▶ 図 10.22　円筒カム

10.6.2　カムの例

a 三角カム　図 10.23 は，正三角形の頂点 O を中心に回転する原動節 a によって，従動節 b が上下動する三角カムである．カムの形は正三角形の三つの頂点を中心に，半径 R と r の円弧を接続させた等径ひずみ円（図 3.9 b 参照）である．図のように，回転中心 O から等距離にある $\overset{\frown}{QS}$ の区間では，従動節は動かない．

b ハートカム（heart cam）　図 10.24 のように O を中心に原動節 a を回転させると，従動節 b は輪郭 1–2–3–4–5 に沿って上下方向に動く．カムの形がハート形であるので，ハートカムとよばれる．輪郭を**アルキメデス曲線**にすれば，従動節 b は等速度運動する．アルキメデス曲線とは，半径が回転角に比例して増える渦巻線をいう．

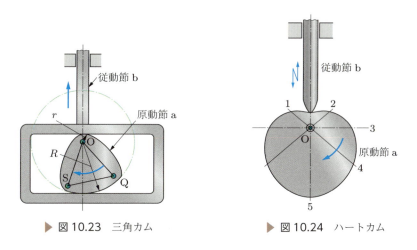

▶ 図 10.23　三角カム　　　▶ 図 10.24　ハートカム

10.6.3　従動節の運動

図 10.25 のような，カムの運動と従動節の運動の関係を表す図を**カム線図**という．

a 等速度運動　等速度運動とは，図 a のように，従動節の速度が一定の直線運動をいう．この場合の変位線図では，カムの回転角と従動節の変位は比例する．ただし，従動節の加速度線図からわかるように，等速度運動の始めと終わりでは，加速度が

非常に大きくなって衝撃が起こりやすくなる．そのために，**図 10.26** のように，加速度が大きくなる部分の形状を円弧などに修正して加速度をやわらげる．このような修正を施した曲線を**緩和曲線**（transition curve）という．

b **調和運動** 図 b のように，変位が正弦波状になる運動を**調和運動**（harmonic motion）という．加速度線図からわかるように，加速度の変化がなめらかであるので衝撃は起こりにくい．

c **等加速度運動** 加速度が一定になる曲線は 2 次曲線になる．**等加速度運動**（uniform acceleration motion）のカム線図の例を図 c に示す．回転の前半では等加速度で増速し，後半では等加速度で減速する．

10.6.4 カムの設計

図 10.26 は等速度運動するカム線図であり，緩和曲線で示されている．このカム線図から，カムの形状を次の手順で決める．

1. まず，カム線図の横軸の 1 周分を図のように 12 等分し，各角度に対応する従動節の変位に印（図では●印）を付ける．できる限りカム曲線を細かく分割するほうが正確なカムの形が得られる．
2. 次に，従動節の変位を，カムの中心 O を通り横軸に垂直な y 軸上に移す．

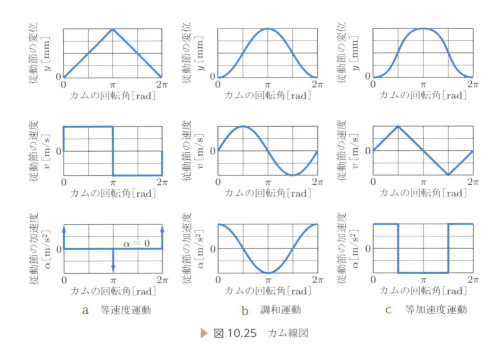

▶ 図 10.25　カム線図

3. この変位を，O を中心とする同心円上において，該当する回転角の位置に移す（図では 1′, 2′, 3′, …）．
4. 移動した点に従動節のころの中心がくるようにし，ころに内側で接するなめらかな曲線を描いてカムの輪郭とする．なお，ころはカムと従動節の間の摩擦や摩耗を小さくするために用いる．

O を中心とし，カムの輪郭に内接する円を**基礎円** fundamental circle という．

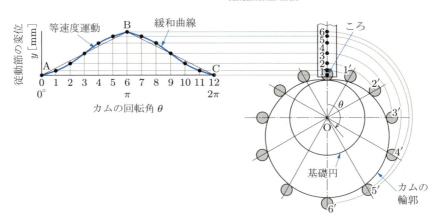

▶ 図 10.26　カム形状の求め方

例題 10.1

図 10.26 のカム線図で，従動節の変位 y とカムの回転角 θ（$= \omega t$）の関係が次のように与えられている．

$$y = \frac{h}{2}(1 - \cos\theta) = \frac{h}{2}(1 - \cos\omega t)$$

従動節の速度 v，加速度 α を式で表し，$t = 1\,\mathrm{s}$ における y，v，α を求めよ．ただし，$\omega = 5\,\mathrm{rad/s}\,(= 286.5°/\mathrm{s})$，$h = 10\,\mathrm{mm}$ とする．

解　変位 y：$y = \dfrac{h}{2}(1 - \cos\omega t)$

速度 v：変位 y を t で微分して，$v = \dfrac{dy}{dt} = \dfrac{h}{2}\omega\sin\omega t$

加速度 α：v を t で微分して，$\alpha = \dfrac{dv}{dt} = \dfrac{h}{2}\omega^2\cos\omega t$

$t = 1\,\mathrm{s}$ における値：変位 $y = 0.005 \times 0.716 = 3.58 \times 10^{-3}$ [m] =

3.58 [mm]，速度 $v = 0.005 \times (-4.779) = -24 \times 10^{-3}$ [m/s]，加速度 $\alpha = 0.005 \times 7.1 = 35.5 \times 10^{-3}$ [m/s²]．

答 $y = 3.58$ mm, $v = -24 \times 10^{-3}$ m/s, $\alpha = 35.5 \times 10^{-3}$ m/s²

10.7 間欠運動機構

原動節が一定の回転で，従動節に間欠運動をさせたい場合がある．図 10.27 に示す**ゼネバ機構** Geneva mechanism は一つの例である．ゼネバ機構では，ピンが歯車の歯の役目をし，従動節の溝にはまって従動節を回転させる．ピンが溝から外れる瞬間に外周の円弧がかみあって，従動節の回転を止める．

図 10.28 は**間欠歯車装置** intermittent gear drive で，原動歯車の一部を円弧にし，従動歯車の円弧部分とかみあって従動歯車の回転を止める．原動歯車の歯の部分がくると，従動歯車の歯とかみあって従動歯車が回転する．

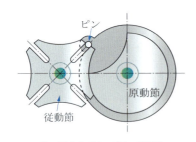
▶ 図 10.27　ゼネバ機構

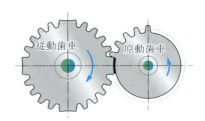
▶ 図 10.28　間欠歯車装置

演習問題
解答は p.223

10.1 図 10.7 b のスライダクランク機構において，クランク（リンク b）の半径を $r = 50$ mm，連接棒（リンク c）の長さを $l = 150$ mm，クランクの回転角速度を $\omega = 120$ rad/s とする．クランクが回転角 $\theta = 60°$ の位置にきたときのクランク軸に対するスライダの位置 x，速度 v，加速度 α を求めよ．
10.3 節

10.2 図 10.14 のロバーバル秤において，両方の皿に同じ質量の物体を載せたとき，皿の上のどこの位置に置いても任意の位置でつりあうことを説明せよ．
10.4 節

☐ **10.3** 基礎円直径が 60 mm で，従動節に次の運動をさせる板カムの輪郭を求めよ．1 回転のうち最初の 60° の間は従動節は直線的に高さ $h = 20$ mm まで上昇し，次の 240° までの間は停止し，最後の 60° の間で直線的に下降して元の位置に戻る．　　　　　　　　　10.6 節

☐ **10.4** 例題 10.1 で導かれた変位，速度，加速度の線図を，カムの回転角 0 から π の範囲で描け．　　　　　　　　　　　　　　　　10.6 節

☐ **10.5** 図 10.25 c の等加速度運動するカムの変位線図は，$0 \leqq \theta \leqq \pi$ では二つの放物線（2 次曲線）をつなげることによって得られる．θ が 0 から π に回転したときの変位を h として，変位線図，速度線図，加速度線図を表す式を導け．　　　　　　　　　　　　　　10.6 節

演習問題　191

chapter 11 ばね

キーワード ●ばね定数 ●トーションバー ●コイルばね ●渦巻ばね ●重ね板ばね

力を加えるとたわみ，力を除くと元に戻る機械要素が**ばね**(spring)である．たわみに対する力の比が大きい場合をたわみにくさといい，その逆をたわみやすさ(compliance)という．ばねはたわみやすさを利用している．なお，ばねの規格[76]に沿って，ばね定数は [N/mm]，[N·mm/rad または N·mm/°] の単位で表す．

11.1 ばねの種類

ばねには，以下の用途がある．

1. ばねのたわみによって力やトルクの大きさを表す：ばね秤など
2. 蓄えた弾性エネルギーで仕事をする：時計のぜんまいばねなど
3. 変形に比例した力を利用する：座金，安全弁など
4. 振動や衝撃を吸収する：サスペンション（懸架装置），緩衝用ばねなど

ばねには，次のような種類がある．

1. コイルばね[76, 77] helical spring
2. ねじりコイルばね[76, 77] helical torsion spring
3. 渦巻ばね spiral spring
4. 重ね板ばね[78, 79] laminated spring
5. 竹の子ばね volute spring
6. トーションバー torsion bar spring
7. 皿ばね[80, 81] coned disc spring
8. 空気ばね pneumatic spring

11.2 ばね定数

ばねでは，加えた力 W [N] とたわみ δ [m] は比例し，比例定数を k [N/mm] とおけば，

$$W = k\delta \, [\text{N}] \tag{11.1a}$$

$$k = \frac{W}{\delta} \, [\text{N/m}] = \frac{W}{\delta} \times 10^{-3} \, [\text{N/mm}] \tag{11.1b}$$

となる．比例定数 k を**ばね定数**(spring constant)という．

ばねの材料に加えたねじりモーメント T [N·m] とねじれ角 ψ [rad] も比例し，比例定数を k_T [N·mm/rad] とおけば，

$$T = k_T \psi \, [\text{N·m}] \tag{11.2a}$$

$$k_{\mathrm{T}} = \frac{T}{\psi} \, [\mathrm{N \cdot m/rad}] = \frac{T}{\psi} \times 10^3 \, [\mathrm{N \cdot mm/rad}] \qquad (11.2\mathrm{b})$$

となる．定数 k_{T} を**ねじりのばね定数**という．
torsional spring constant

表 11.1 に，代表的なばね材料と機械的性質を示す[76]．

▶ 表 11.1　ばね材料の機械的性質（JIS B 2704）より作成）

材料	縦弾性係数 E [GPa]	横弾性係数 G [GPa]	材料の記号
ばね鋼線	206	78.5	SUP
硬鋼線	206	78.5	SW
ピアノ線	206	78.5	SWP
ステンレス鋼線	185	68.5	SUS
黄銅線	100	39.0	C2600W
洋白線	110	39.0	C7521W
りん青銅線	98	42.0	C5102W
ベリリウム銅線	120	44.0	C1720W

⚙ 例題 11.1

コイルばねに荷重 $W = 100 \, \mathrm{N}$ を加えたとき，たわみが $\delta = 5 \, \mathrm{mm}$ となった．
ばね定数 k はいくらか．

解　ばね定数：$\delta = 5 \times 10^{-3}$ [m] を式 (11.1b) に代入して，$k = \dfrac{W}{\delta} \times 10^{-3}$
p.192

$$= \frac{100}{5 \times 10^{-3}} \times 10^{-3} = 20 \, [\mathrm{N/mm}].$$

答　$k = 20 \, \mathrm{N/mm}$

⚙ 例題 11.2

ねじりコイルばねにねじりモーメント $T = 10 \, \mathrm{N \cdot m}$ をかけたとき，ねじれ角
が $\psi = 30°$ になった．ねじりのばね定数 k_{T} はいくらか．

解　ばね定数：$\psi = 30$ [°] $= 0.5236$ [rad] を式 (11.2b) に代入して，
p.193

$$k_{\mathrm{T}} = \frac{T}{\psi} \times 10^3 = \frac{10}{0.5236} \times 10^3 = 19.1 \times 10^3 \, [\mathrm{N \cdot mm/rad}].$$

答　$k_{\mathrm{T}} = 19.1 \times 10^3 \, \mathrm{N \cdot mm/rad}$

11.3 トーションバー

図 11.1 のように，バー（棒）にねじり変形を与えてばねの役目をさせるものが**トーションバー**である．バーの両端は，セレーション（図 5.9 c 参照）などによってほかの部品に結合する．長さ l [m]，直径 d [m] のトーションバーにねじりモーメント $T = RW$ [N·m] が作用したときのねじれ角 ψ [rad] は，表 2.5 から断面二次極モーメント $I_\mathrm{p} = \pi d^4/32$ [m⁴] であるので，ψ [rad] とねじりのばね定数 k_T は次のようになる．

$$\psi = \frac{Tl}{I_\mathrm{p}G} = \frac{32RWl}{\pi d^4 G} \text{ [rad]} \tag{11.3a}$$

$$k_\mathrm{T} = \frac{T}{\psi} \text{ [N·m/rad]}$$

$$= \frac{T}{\psi} \times 10^3 \text{ [N·mm/rad]} \tag{11.3b}$$

G は表 11.1 に示す横弾性係数である．

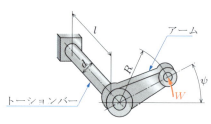

▶ 図 11.1　トーションバー

POINT トーションバーは質量が小さくスペースもとらないので，車などのサスペンションなどに用いられる．

11.4 引張・圧縮コイルばね

コイルばねはトーションバーと同様に，ねじりモーメントによる**材料**（古くは素線とよばれていた）のたわみを利用したばねである．コイルばねは製作しやすいこと，安価であることなどから広く使われている．

11.4.1 ねじり応力

図 11.2 のように，荷重を W [N]，材料の直径を d [m]，コイルの平均直径を D [m] とすると，材料にはたらくねじりモーメント T [N·m] は次のようになる．

$$T = \frac{WD}{2} \text{ [N·m]} \tag{11.4}$$

ねじりのせん断応力 τ_0 [Pa] は，材料の極断面係数 Z_P [m³]（表 2.5 より $Z_\mathrm{P} = \pi d^3/16$）と式（2.12）から，次のようになる．

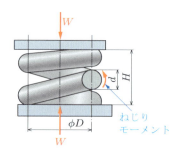

▶ 図 11.2　圧縮コイルばね

$$\tau_0 = \frac{T}{Z_\mathrm{P}} = \frac{8WD}{\pi d^3} \ [\mathrm{Pa}] \tag{11.5}$$

実際のばねでは，コイルのわん曲などによってコイルの内側の応力が大きくなるので，それに対応する**応力修正係数** κ を導入したせん断応力 τ は次のようになる．

$$\tau = \kappa \tau_0 = \frac{8\kappa WD}{\pi d^3} \ [\mathrm{Pa}] \tag{11.6}$$

$$\kappa = \frac{4c-1}{4c-4} + \frac{0.615}{c}, \quad c = \frac{D}{d}$$

κ は**ワールの応力修正係数**ともいう．また，c を**ばね指数**（spring index）といい，一般に $c = 4 \sim 10$ にする．この値より大きくても小さくても，材料を巻いてコイル状にするのが困難になる．

11.4.2 許容せん断応力

式（11.6）のせん断応力 τ は，材料の許容せん断応力 τ_a を超えないようにする．許容せん断応力 τ_a は材料の直径 d によって異なり，**図 11.3** のようになる．圧縮コイルばねでは，安全をみてせん断応力を図の許容せん断応力の 80% 以下，引張コイルばねでは 64% 以下にすることが望ましい．

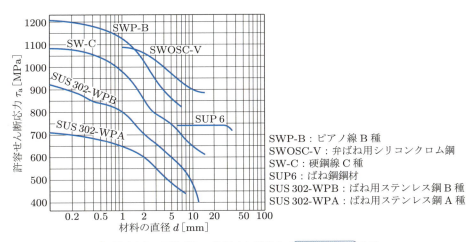

▶ 図 11.3　圧縮ばねの許容せん断応力（JIS B 2704-1 抜粋）

11.4.3 縦横比

コイルばねの平均直径 D と高さ H の比 H/D を**縦横比**（aspect ratio）という．圧縮コイルばね

11.4　引張・圧縮コイルばね　195

では，座屈（表 2.7 参照）を起こさないように縦横比は $(H/D) = 0.8\sim4$ 程度にする．設計上，これより大きくしなければならない場合は，ばねの内側または外側に狭いすき間をもつ案内を入れて座屈を防ぐ．

11.4.4 ばね定数

圧縮コイルばねの座の部分は，一般に**図 11.4** のような平面座にする．一方，引張コイルばねでは，**図 11.5** のように両端をフックにして取り付けやすくする．平面座やフックの部分はばねとして有効に利用されないので，ばねの全巻数からこの部分を除いた巻数を**有効巻数** N_a という．

▶ 図 11.4 圧縮コイルばねの端部

▶ 図 11.5 引張コイルばねのフック

コイルばねの一部分を示す**図 11.6** において，微小中心角を $\Delta\alpha$ [rad]，$\Delta\alpha$ に対応する材料の微小長さを Δl [m]，Δl の部分のねじれ角を $\Delta\psi$ [rad] とおけば，材料の最大のせん断ひずみ γ は，次のようになる．

$$\gamma = \frac{(d/2)\,\Delta\psi}{\Delta l} = \frac{(d/2)\,\Delta\psi}{(D/2)\,\Delta\alpha} \tag{11.7}$$

せん断応力は式（2.6a）から $\tau = G\gamma$ [Pa] であるので，これに式（11.7）を代入すると，

$$\tau = \frac{Gd\,\Delta\psi}{D\Delta\alpha} \text{ [Pa]}$$

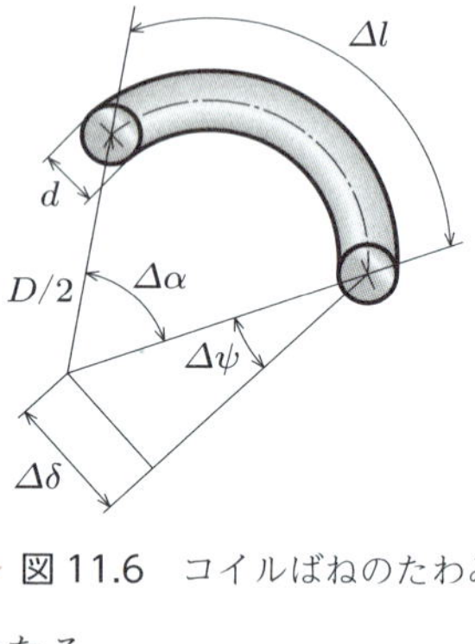

となる．ここで，G [Pa] は材料の横弾性係数である．この式に式（11.5）を代入すれば，次のようになる．

▶ 図 11.6 コイルばねのたわみ

$$\Delta\psi = \frac{8WD^2\Delta\alpha}{\pi Gd^4} \text{ [rad]} \tag{11.8}$$

図に示す長さ Δl の材料のねじりによる微小たわみ $\Delta\delta$ [m] は，

$$\Delta\delta = \frac{D\Delta\psi}{2} = \frac{4WD^3\Delta\alpha}{\pi Gd^4} \text{ [m]} \tag{11.9}$$

有効巻数 N_a に対応する角度 α は，$\alpha = 2\pi N_a$ [rad] になるので，全たわみ δ [m]

は，式（11.9）を α について $0 \sim 2\pi N_a$ の範囲で積分して，

$$\delta = \frac{8N_a W D^3}{Gd^4} \, [\text{m}] \tag{11.10}$$

となる．したがって，ばね定数 k [N/m] は，次のようになる．

$$k = \frac{W}{\delta} = \frac{Gd^4}{8N_a D^3} \, [\text{N/m}] = \frac{Gd^4 \times 10^{-3}}{8N_a D^3} \, [\text{N/mm}] \tag{11.11}$$

⚙ 例題 11.3

図 11.2 の圧縮コイルばねに荷重 $W = 360$ N を加えたとき，たわみ $\delta = 20$ mm になった．コイルの平均直径を $D = 40$ mm，材料の直径を $d = 5$ mm とするとき，有効巻数 N_a と最大せん断応力 τ を求めよ．材料は SUS302-WPA で，$G = 75$ GPa とする．

解 有効巻数：式（11.10）から $N_a = \dfrac{\delta\, Gd^4}{8WD^3} = \dfrac{0.9375}{0.1843} = 5.09 \fallingdotseq 5.1$.
_{p.197}

最大せん断応力：式（11.6）から $c = \dfrac{D}{d} = 8$, $\kappa = \dfrac{4c-1}{4c-4} + \dfrac{0.615}{c} =$
_{p.195}

1.184 であるので，$\tau = \dfrac{8\kappa W D}{\pi d^3} = \dfrac{136.4}{0.3927 \times 10^{-6}} = 347.3 \times 10^6$ [Pa] $\fallingdotseq$

347 [MPa].

許容せん断応力の確認：安全をみたせん断応力を図 11.3 の許容せん断応力 $\tau_a \fallingdotseq 480$ [MPa] の 80% にすると，$0.8\tau_a = 0.8 \times 480 = 384$ [MPa] $> \tau = 347$ [MPa] となって強さは十分．

答 $N_a = 5.1$, $\tau = 347$ MPa

11.4.5 ピッチ

引張コイルばねでは，一般に密着巻にする．一方，圧縮コイルばねでは，巻線のピッチを $0.5D$ 以下にする．

11.4.6 サージング

コイルばねがある周波数の動荷重を受けると，コイルのたわみが一様ではなくなり，**図 11.7** のようなピッチの粗密波が一端から他端に伝わって折り返す現象が発生する．これは，コイルばねの固有振動数が加えられた動荷重の周波数に一致する

11.4 引張・圧縮コイルばね 197

ために生じる現象で，**サージング**という．サージングを防ぐには，ばねの固有振動数を加えられた動荷重の周波数の3倍以上にしたり，ばね座にゴムなどの減衰部品や減衰用ダンパを取り付ける．

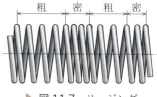

▶ 図11.7 サージング

11.5 ねじりコイルばね

図11.8 a のように，ねじりコイルばねに点O回りのモーメント $T = WR$ が作用すると，図 b のように，材料に曲げたわみが生じる．ねじりコイルばねのたわみは，図11.9のように，直線状に展開した材料に曲げモーメント T だけが作用している単純曲げのはり（図2.7参照）の問題として解く．たわみによって生じる長さ l [m] の材料の両端の傾斜 θ [rad][82] は，縦弾性係数 E [Pa]，断面二次モーメント I [m^4] から，次のようになる．

$$\theta = \frac{Tl}{2EI} \text{ [rad]} \tag{11.12}$$

ばね先端のねじれ角 ψ [rad] は，左端を基準とすれば，右端での傾斜は 2θ [rad] になる．表2.3から円形断面では $I = \pi d^4/64$ [m^4]，$l = N_a \pi D$ [m] であるので，式（11.12）から，次のようになる．

$$\psi = 2\theta = \frac{Tl}{EI} = \frac{64TN_aD}{Ed^4} \text{ [rad]} \tag{11.13}$$

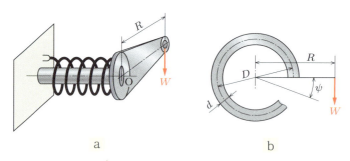

▶ 図11.8 ねじりコイルばね

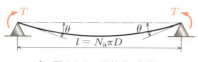

▶ 図11.9 単純曲げばり

> **例題 11.4**
>
> 図 11.8 のねじりコイルばねにおいて，$R = 100$ mm，$W = 50$ N，コイルの平均直径 $D = 25$ mm，材料の直径 $d = 4$ mm，先端 O のねじれ角 $\psi = 30°$ である．材料を SWP-B として，有効巻数 N_a はいくらか．
>
> **解** 曲げモーメント：表 11.1（p.193）から $E = 206$ [GPa]，$T = RW = 5$ [N·m]．
> 有効巻数：$\psi = 30$ [°] $= 0.5236$ [rad]，式 (11.13)（p.198）から $N_a = \dfrac{\psi E d^4}{64 T D}$
> $= \dfrac{27.61}{8} = 3.45 \fallingdotseq 3.5$．
>
> **答** $N_a = 3.5$

11.6 渦巻ばね

渦巻ばね (spiral spring) は帯鋼板を渦巻状にしたものである．このばねはエネルギー蓄積用として機械式時計のぜんまいなどに使われる．図 11.10 において，幅 b [m]，厚さ t [m]，長さ l [m] のばねの外側を固定して中心にねじりモーメント $T = RW$ [N·m] を加えたときのねじれ角 ψ [rad] は，断面二次モーメント I を長方形断面の断面二次モーメントとして式 (11.13) から求める．この場合の断面二次モーメント I は表 2.3 から $I = bt^3/12$ [m^4] となるので，ばねの有効巻数 N_a，ばねの平均直径 D_m [m]，$l = N_a \pi D_m$ [m] として，式 (11.13) から次のようになる．

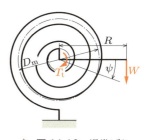

▶ 図 11.10 渦巻ばね

$$\psi = \frac{12 R W N_a \pi D_m}{E b t^3} \text{ [rad]} \tag{11.14}$$

11.7 重ね板ばね

重ね板ばね (laminated leaf spring) は，貨物自動車などの**サスペンション** (suspension)（懸架装置）として広く使われている．

図 11.11 のように長さが l，固定部の幅が b_0 の三角形の板を固定し，先端に荷重 W を作用させる．このとき，先端からの距離 x の位置での幅 b_x，断面係数 Z_x，曲げモーメント M_x は，

$$M_x = Wx, \quad b_x = \left(\frac{b_0}{l}\right)x, \quad Z_x = \frac{b_x t^2}{6} \tag{11.15}$$

である．したがって，x の位置での最大曲げ応力 σ_x は，

$$\sigma_x = \frac{M_x}{Z_x} = \frac{6Wx}{(b_0/l)xt^2} = \frac{6Wl}{b_0 t^2} \tag{11.16}$$

となり，位置 x に関係なく，最大曲げ応力は一定になる．先端におけるたわみ δ は[83]次のようになる．

$$\delta = \frac{6W}{b_0 E}\left(\frac{l}{t}\right)^3 \tag{11.17}$$

1枚の三角形板ばねでは幅が広すぎるので，**図 11.12 a** のように細線に沿って細かく切り，図 b のように重ねて重ね板ばねにする．実際に用いられている重ね板ばねは，**図 11.13** のように中央のクリップ部分で全部の板をたばね，左右対称

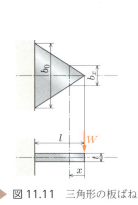

▶ 図 11.11 三角形の板ばね

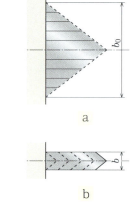

▶ 図 11.12 重ね板ばね

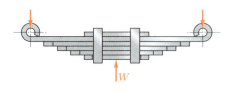

▶ 図 11.13 車両用重ね板ばね

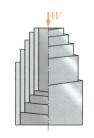

▶ 図 11.14 竹の子ばね

にする．各板の間には潤滑油を塗布して摩擦を減らす．

11.8 竹の子ばね

図 11.14 のように，長方形断面の金属板を円すい状に巻いたばねを竹の子ばね（volute spring）という．スペースが小さい割に大きなエネルギーが吸収できるという特長がある．

11.9 皿ばね

皿ばねは，図 11.15 のような皿形のばねを軸方向に重ねたばねである（countersunk spring）．コンパクトな割に大きな荷重に耐えられる．また，重ねる皿ばねの枚数によってたわみを調整することができる．

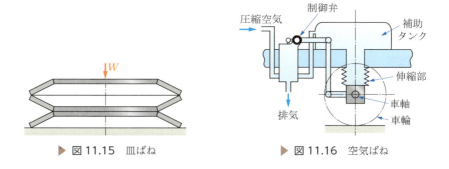

▶ 図 11.15　皿ばね　　　　▶ 図 11.16　空気ばね

11.10 空気ばね

空気ばねは，空気の圧縮性を利用したばねである（air spring）．鉄道車両やバスなどに使われている．

図 11.16 は伸縮部（ベローズなど）をもつ空気ばねの例である．圧縮空気は，制御弁，補助タンクを経て伸縮部に送られる．伸縮部のばね定数は補助タンクの容量で決まる．

制御弁は，静荷重が変化したときに車体の高さを一定に保つための装置である．

chapter 11　演習問題

解答は p.224

☐ **11.1**　表 2.4（d）の片持ちばりを板ばねとして用いるとき，$l = 100$ mm，$b = 20$ mm，$h = 10$ mm の条件における先端の位置でのばね定数 k

を求めよ．ただし，縦弾性係数 $E = 206$ GPa とする． 11.2 節

☐ **11.2** 図 11.1 のトーションバーにトルク $T = 100$ N·m が作用したときの自由端でのねじれ角 ψ とねじりのばね定数 k_T を求めよ．ただし，$l = 100$ mm，$d = 10$ mm とし，横弾性係数を $G = 70$ GPa とする．

11.3 節

☐ **11.3** 図 11.2 の圧縮コイルばねにおいて，材料の直径 $d = 6$ mm，コイルの平均直 $D = 50$ mm とするときのばね定数を求めよ．ただし，ばねの有効巻数を $N_a = 10$，横弾性係数を $G = 70$ GPa とする． 11.4 節

☐ **11.4** 材料の直径 $d = 5$ mm，コイルの平均直径 $D = 50$ mm，有効巻数 $N_a = 8$，横弾性係数 $G = 78$ GPa の圧縮コイルばねに，$W = 500$ N の荷重が作用するときのたわみ δ とばね定数 k を求めよ． 11.4 節

☐ **11.5** コイルばねで，荷重 $W = 100$ N，たわみ $\delta = 15$ mm，材料の直径 $d = 2$ mm，コイルの平均直径 $D = 10$ mm とするときの有効巻数 N_a はいくらにしたらよいか．ただし，横弾性係数 $G = 80$ GPa とする． 11.4 節

☐ **11.6** 図 11.8 のねじりコイルばねにおいて，$W = 100$ N，$R = 100$ mm，$D = 40$ mm，$d = 5$ mm，$N_a = 6$ とし，縦弾性係数 $E = 206$ GPa の場合のアームのねじれ角 ψ を求めよ． 11.5 節

☐ **11.7** 荷重 $W = 1$ kN，たわみ $\delta = 80$ mm の SW–C（硬鋼線 C 種）製の引張コイルばねの材料の直径 d と有効巻数 N_a を求めよ．また，せん断応力は安全であるか確認せよ．ただし，ばね指数を $c = D/d \fallingdotseq 8$，コイルの平均直径 $D = 80$ mm，横弾性係数 $G = 80$ GPa とする．

11.4 節

☐ **11.8** 図 11.11 の三角形の片持ち板ばねにおいて，荷重 $W = 2.94$ kN でたわみが $\delta = 100$ mm になる板の幅 b_0，厚さ t を求めよ．ただし，スパン $l = 900$ mm，$b_0/t = 40$ とし，許容応力を $\sigma_a = 392$ MPa，縦弾性係数を $E = 206$ GPa とする． 11.7 節

chapter 12 管・管継手・弁

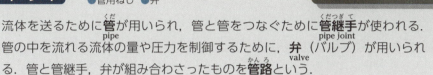

キーワード
- 管
- スケジュール番号
- 管継手
- 管用ねじ
- 弁

流体を送るために**管**(pipe)が用いられ，管と管をつなぐために**管継手**(pipe joint)が使われる．管の中を流れる流体の量や圧力を制御するために，**弁**(valve)（バルブ）が用いられる．管と管継手，弁が組み合わさったものを**管路**(pipe line)という．

12.1 管の選択

管は，管の中を流れる流体の種類，圧力，流量，流速，温度，施工条件などを考慮して選定する．管の主な種類と用途を**表 12.1** に示す．

管の内径と管の厚さは，流量と使用圧力を考慮して適切なものを選定する．

▶ 表 12.1　主な管と用途

種類	主な用途
（a）鋼管　　① 配管用炭素鋼鋼管（JIS G 3452）	1 MPa 以下，350℃以下の蒸気，水，油，ガス，空気などの配管
② 圧力配管用炭素鋼鋼管（JIS G 3454）	1.5～10 MPa，350℃以下の条件で使用
③ 高圧配管用炭素鋼鋼管（JIS G 3455）	10～20 MPa，350℃以下の条件で使用
④ 高温配管用炭素鋼鋼管（JIS G 3456）	20 MPa 以下，350℃～450℃の条件で使用
⑤ 低温配管用炭素鋼鋼管（JIS G 3460）	20 MPa 以下，－100℃～15℃の条件で使用
⑥ ボイラ・熱交換器用炭素鋼鋼管（JIS G 3461）	ボイラの水管，煙管，化学工業の熱交換器に使用
（b）鋳鉄管　　① 給水用管　　② ガス用管	耐食性を利用した水道管 給水用の低圧管の規格を準用して使用
（c）ステンレス・合金鋼管　　① 配管用ステンレス鋼鋼管（JIS G 3459）　　② ボイラ・熱交換器用ステンレス鋼鋼管（JIS G 3463）	主に耐食用，耐熱用として使用 管の内外側での熱交換に使用
（d）銅管，銅合金管	継ぎ目なしで，耐蝕性，屈曲性などが必要なところに使用
（e）たわみ管	鋼，銅，銅合金，アルミニウムをベローズ状にし，たわみが必要なところに使用
（f）塩化ビニル管	加工の容易性，軽量，耐酸，耐アルカリ，耐油，耐食性を必要とするところに使用

12.1.1 管の内径

管の中を流れる流体の単位時間あたりの流量を Q [m³/s]，管内平均流速を v [m/s]，管の内径を d [m] とすれば，

$$Q = \frac{\pi d^2 v}{4} [\mathrm{m^3/s}] \tag{12.1}$$

となる．したがって，内径 d [m] は次のようになる．

$$d = \sqrt{\frac{4Q}{\pi v}} [\mathrm{m}] \tag{12.2}$$

式 (12.2) から，流量 Q が一定のとき，流速 v を大きくすれば内径 d は小さくできる．しかし，内径 d を小さくしすぎると管路の抵抗が増えて，エネルギー損失が大きくなる．そのために，**表 12.2** の管内**平均流速**の推奨値 v_m に従って，式 (12.2) から内径 d を決める．

▶ 表 12.2　管内平均流速 v_m の目安

流体	用途			流速 v_m [m/s]	流体	用途	流速 v_m [m/s]
水	上水道（中距離）			～1	油	油圧ポンプ吐出側	3～3.7
	上水道（近距離）	内径　3～15 mm		～0.5	空気	低圧空気管	10～15
		内径　　～30 mm		～1		高圧空気管	20～25
		内径　＞100 mm		～2		送風機吐出・吸込管	10～20
	往復ポンプ吐出側			1～2	蒸気	飽和蒸気管	12～40
	渦巻ポンプ吐出側			2.5～3.5		加熱蒸気管	40～80

12.1.2 スケジュール番号

管は使用圧力に耐えられる厚さでなければならない．使用圧力を p [Pa]，管の厚さを t [m]，管の外径を D [m]，管の許容引張応力を s [Pa] とし，$D \gg t$ とすれば，単位長さの管にはたらく力は $p(D - 2t)$ であり，管が耐えられる力は $2ts$ である．両者はつりあうので，次のようになる．

$$\frac{p}{s} = \frac{2t}{D - 2t} \fallingdotseq \frac{2t}{D} \tag{12.3}$$

応力は σ で表してきたが，ここでは許容引張応力として記号 s を用いる．

管の機械的性質の例を**表 12.3**[84] に示すが，許容引張応力 s は引張強さの1/3〜1/4程度，降伏点や耐力の 0.6 倍程度とすることが多い．

▶ 表 12.3　鋼管の機械的性質の例（JIS G 3452, JIS G 3454, JIS G 3455 抜粋）

種類	記号	引張強さ [MPa]	降伏点・耐力 [MPa]
配管用炭素鋼鋼管	SGP	≧ 290	—
圧力配管用炭素鋼鋼管	STPG370	≧ 370	≧ 215
	STPG410	≧ 410	≧ 245
高圧配管用炭素鋼鋼管	STS370	≧ 370	≧ 215
	STS410	≧ 410	≧ 245
	STS480	≧ 480	≧ 275

ガス管（SGP），アーク溶接炭素鋼鋼管（STPY41）を除いて，管はスケジュール番号（Sch）によって標準化されている．**スケジュール番号** Sch は，式（12.3）
schedule number
の p/s を 1000 倍して呼びやすくした整数値であり，次式の値以上でもっとも近い標準化された番号を**表 12.4** から選ぶ[84]．

$$\mathrm{Sch} = \frac{p}{s} \times 1000 \tag{12.4}$$

圧力配管用炭素鋼鋼管の呼び方は，

[呼び径]［A（メートル系）または B（インチ系）］× ［スケジュール番号］

のようにする．たとえば，25A × Sch40，1B × Sch40 のように表す．

▶ 表 12.4　圧力配管用炭素鋼鋼管（STPG）の寸法（JIS G 3454 抜粋）

呼び径		外径 D [mm]	スケジュール番号（Sch）と厚さ t [mm]		
A	B		Sch40	Sch60	Sch80
6	1/8	10.5	1.7	2.2	2.4
8	1/4	13.8	2.2	2.4	3.0
10	3/8	17.3	2.3	2.8	3.2
15	1/2	21.7	2.8	3.2	3.7
20	3/4	27.2	2.9	3.4	3.9
25	1	34.0	3.4	3.9	4.5
32	1¼	42.7	3.6	4.5	4.9
40	1½	48.6	3.7	4.5	5.1
50	2	60.5	3.9	4.9	5.5
65	2½	76.3	5.2	6.0	7.0
80	3	89.1	5.5	6.6	7.6
90	3½	101.6	5.7	7.0	8.1
100	4	114.3	6.0	7.1	8.6

12.1　管の選択　205

⚙ 例題 12.1

吐出量 $Q = 1.4$ m³/min，使用圧力 $p = 2.8$ MPa の上水道用の渦巻ポンプで使用する圧力配管用炭素鋼鋼管（STPG370）を求め，呼びで表せ．

解 管の内径：表 12.2 から，流速 $v = v_m = 3.5$ [m/s] とする．$Q = 1.4$
[m³/min] $= 1.4/60$ [m³/s] と式（12.2）より内径は $d = \sqrt{\dfrac{4Q}{\pi v}} =$
0.0921[m]$= 92.1$[mm]．

スケジュール番号：許容引張応力 s は，表 12.3 の引張強さの 1/4 として $s = 92.5$ [MPa] にする．スケジュール番号は，式（12.4）から Sch $= (p/s) \times 1000 = 30$ になるので，表 12.4 から Sch40 とする．外径 D と厚さ t から内径は $D - 2t$ であり，これが上記の $d = 92.1$ [mm] 以上で d にもっとも近くなる呼び径を求める．表 12.4 から 100A を選べば，$d = D - 2t = 114.3 - 12 = 102.3$ [mm] $\geqq 92.1$ [mm] となる．よって 100A × Sch40 とする．

答 100A × Sch40

◆ 12.2 管継手

12.2.1 管継手の種類

管継手は管と管をつなぐ機械要素である．主なものを図 12.1 に示す．

12.2.2 管継手の結合方式

管継手を管や機器と接続する方式を結合方式といい，継手形式，接続形式ともいう．主な結合方式を図 12.2 に示す．

ねじ込み式は，図 12.3 a のように管用テーパねじ[85]，または図 b の管用平行ねじ[86]により接続する方式であり，広く使われている．管用平行ねじの呼びは，表 12.5 に示す G1/2 のように表す．管用ねじは，ねじ山の角度が 55°，呼び径はインチ系（1 インチは 25.4 mm）であり，気密性をもたせるために細かいピッチになっている．

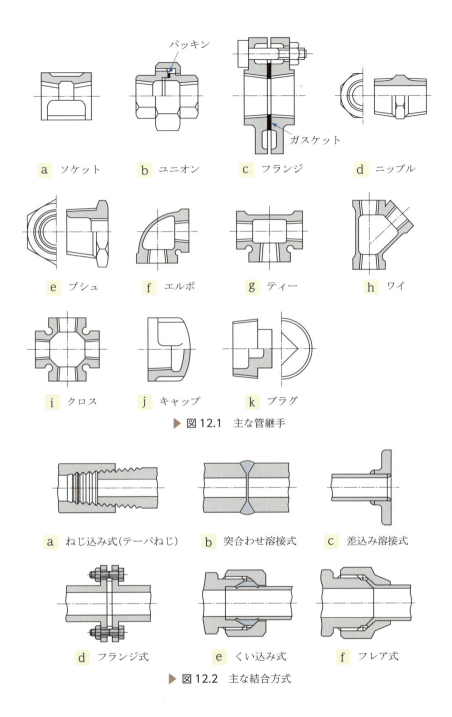

▶ 図 12.1 主な管継手

▶ 図 12.2 主な結合方式

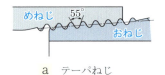
a　テーパねじ

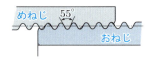
b　平行ねじ

▶ 図12.3　管用ねじ

▶ 表12.5　管用平行ねじの例（JIS B 0202 抜粋）

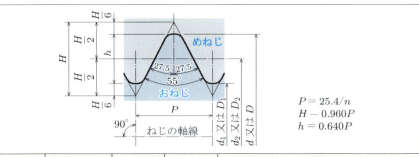

$P = 25.4/n$
$H = 0.960P$
$h = 0.640P$

ねじの呼び	ねじ山の数 (25.4 mm につき) n	ピッチ P (参考)	ねじ山の高さ h	おねじ 外径 d / めねじ 谷の径 D	おねじ 有効径 d_2 / めねじ 有効径 D_2	おねじ 谷の径 d_1 / めねじ 内径 D_1
G1/16	28	0.907	0.581	7.723	7.142	6.561
G1/8	28	0.907	0.581	9.728	9.147	8.566
G1/4	19	1.337	0.856	13.157	12.301	11.445
G3/8	19	1.337	0.856	16.662	15.806	14.950
G1/2	14	1.814	1.162	20.955	19.793	18.631
G5/8	14	1.814	1.162	22.911	21.749	20.587
G3/4	14	1.814	1.162	26.441	25.279	24.117
G7/8	14	1.814	1.162	30.201	29.039	27.877
G1	11	2.309	1.479	33.249	31.770	30.291

単位 [mm]

　たとえば，G1/2 は呼び径が 1/2 インチ，表 12.5 から外径 20.955 mm，ピッチ 14 [山/インチ] の管用平行ねじである．テーパねじは気密性をより高める場合に用い，呼びは R1/2 のように表す．

POINT　一般に，気密性を保障するために，おねじにシール用テープを巻いたりシール剤を塗布する．

図12.2 b，c の溶接方式は確実に接続されるので，低温から高温，低圧から高圧にわたる環境で利用できる．図 d のフランジ式は取付けや取外しが容易な方式で，フランジとフランジの間に，気密性を保つためにシール材（ガスケットなど）をはさむ．図 e，f のくい込み式やフレア式は比較的小径の管に利用される．

12.3 弁の種類

　弁はバルブともよばれ，流体の流れを調節し，流量や圧力を任意に変える場合に用いられる．

　a 止め弁　止め弁は，流体の流れの遮断に使われる．図 12.4 a の玉形弁と図 b の

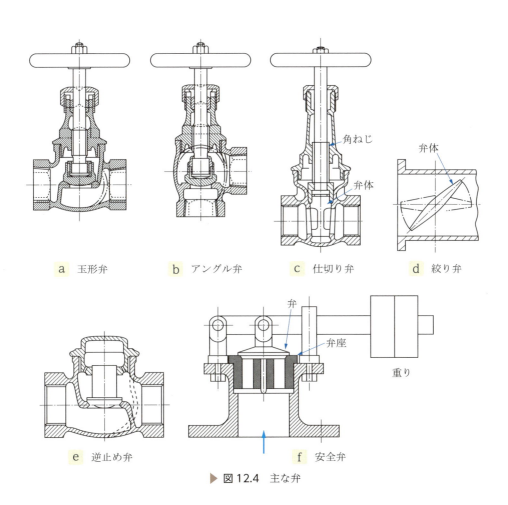

▶ 図 12.4　主な弁

アングル弁は代表的な止め弁である．玉形弁は直線状の管路の途中に用い，アングル弁は流れが直角に変わるところに用いられる．

b 仕切り弁 図 c の**仕切り弁**(sluice valve)は圧力の高い管路に用いられ，流体の流れを遮断する．流れに直角な位置に弁体があるので，全開したときに弁体が管の中にない．したがって，流体の抵抗が少なくなる．

c 絞り弁 図 d の**絞り弁**(throttle valve)は，円板状の弁体を回し，管路の開きを変えて流れを調節する．

d 逆止め弁 図 e の**逆止め弁**(check valve)は，流体を一方向だけに流し，逆方向の流れを遮断する．

e 安全弁 図 f の**安全弁**(safety valve)は，流体の圧力が設定した圧力より高くなったとき，機器などを保護するために圧力を下げる．一般には，弁体をばねや重りなどで押し付ける構造で，圧力が高くなると弁体を押し上げて圧力を逃がす．

f その他の弁 針状の弁体を用いて流路を開閉する**ニードル弁**(needle valve)や，電磁石の力で弁の開閉を行う**電磁切替弁**(solenoid operated valve)などがある．

12.4 管路

配管を行う場合，接続機器に大きな力やモーメントがはたらかないようにする．さらに，装置の安全性，人間に対する安全性，メンテナンス（保守・点検）の容易性，経済性なども考慮する．

とくに，安全性については，図 12.5 のように温度変化を伴う管路では，管の伸縮を吸収するベローズ形などの**伸縮管継手**や図に示す**伸縮 U ベンド**などを利用して管路の破損を防ぐ．また，危険な流体用の配管では，ミスを起こさないように図 12.6 の**識別記号**や**危険表示**をしたり，継手のサイズを変えて誤った接続ができないようにする[87]．後者は，フールプルーフ設計に沿った対策である（1.7.1 項 b 参照）．

▶ 図 12.5 伸縮 U ベンド

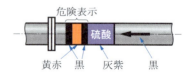

▶ 図 12.6 識別記号と危険表示（硫酸の例）

chapter 12 演習問題　　　解答は p.224

- **12.1** 圧力配管用炭素鋼鋼管（STPG）の許容引張応力 $s = 90$ MPa，使用圧力 $p = 7$ MPa の場合のスケジュール番号を選べ．　　12.1節

- **12.2** 演習問題 12.1 で，流量 $Q = 16$ L/min，平均流速 $v = 3.8$ m/s で流体を流すときに用いる管のスケジュール番号を選べ．　　12.1節

- **12.3** 渦巻ポンプの吐出量が $Q = 21$ L/min，平均流速が $v = 2.8$ m/s，使用圧力が $p = 6$ MPa，管の許容引張応力が $s = 120$ MPa の場合に用いる圧力配管用炭素鋼鋼管（STPG）を選べ．　　12.1節

- **12.4** 25A × Sch60 の圧力配管用炭素鋼鋼管（STPG）で，流量 $Q = 22$ L/min の水を送っている．管内の平均流速 v を求めよ．　　12.1節

- **12.5** 流量 $Q = 32$ L/min，平均流速 $v = 4$ m/s のとき，必要な内径 d を計算せよ．　　12.1節

- **12.6** 許容引張応力 $s = 180$ MPa，使用圧力 $p = 6$ MPa，吐出量 $Q = 36$ L/min，平均流速 $v = 2$ m/s の条件で水を送る往復動ポンプの吐出管を設計したい．スケジュール番号と用いる圧力配管用炭素鋼鋼管（STPG）を選べ．　　12.1節

- **12.7** 内径 $d = 32$ mm の吐出用の管をもった渦巻ポンプがある．流量 $Q = 32$ L/min のとき，管内の平均流速 v を求めよ．　　12.1節

- **12.8** 管用平行ねじ G1 のおねじの外径とねじ山のピッチはいくらか．　　12.2節

- **12.9** 図 12.1 b のユニオンはどのような場合に用いるのか考えよ．　　12.1節

- **12.10** 特別な流体用の配管の識別記号や危険表示の例を調べよ．　　12.4節

演習問題　211

演習問題解答

第 1 章 　問題は p.17

1.1 表 1.1 参照．

1.2 さまざまな機械に共通して使われるねじ，歯車，軸，軸受，ばねなどの部品

1.3 仕様とは，要求事項をもとに設計の基本事項を検討して機械の機構や構造の構想を練り，それを設計条件にまとめたもの．

1.4 ANSI：アメリカ合衆国の国家規格，DIN：ドイツの国家規格

1.5 ねじ，転がり軸受，チェーン，スプロケット，軸，ピン，ブレーキ，ばねなど

1.6 （a）R5 と（b）R10 は，表 1.3 参照．
（c）R10/3（1.25, …）は R10 の標準数で，1.25 から三つ目ごとにとった数列であり，1.25, 2.50, 5.00, …

1.7 製造開始から完成までの時間

1.8 3R（リデュース，リユース，リサイクル）

1.9 下図 a の第一角法による図面は，下図 b になる．これを第三角法と間違えて加工すると下図 c のようになって，設計者の意図と異なった部品ができあがる．

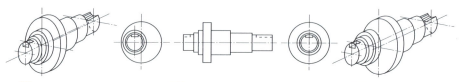

　a 設計者が考えた部品　　b 第一角法による図面　　c 第三角法で加工した部品

問題 1.9 の解答図

1.10 下図 a の内燃機関のシリンダ面をホーニング加工（と石で磨く加工）によってシリンダ表面の細かい凹凸の頂上部分を平ら（プラトー面という）にすると，下図 b のように初期摩耗状態と同じになり，ならし運転を省くことができる．

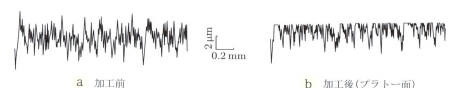

　a 加工前　　　　　　　　b 加工後（プラトー面）

問題 1.10 の解答図

1.11 仕事は，たとえば部材にはたらく力とその変位の積で単位は N·m = J，エネルギーは仕事をする能力で単位は J, 動力は単位時間あたりの仕事で単位は J/s = W．

第2章   問題は p.35

2.1 一般に，流体（水，油，空気など）に対しては「圧力」，固体に対しては「応力」を使う．しかし，固体表面の接触では「接触圧」または「接触圧力」ということがある．

2.2 式 (2.1) から $\sigma = W/A = 2000/(\pi \times 0.02^2/4) = 6.37 \times 10^6$ [Pa] = 6.37 [MPa]．
式 (2.3b) から $\varepsilon = \sigma/E = 6.37 \times 10^6/(206 \times 10^9) = 30.9 \times 10^{-6}$．
式 (2.2) から $\Delta l = l\varepsilon = 0.1 \times 30.9 \times 10^{-6} = 3.09 \times 10^{-6}$ [m] = 0.003 [mm]．表 2.1（a）に従い，$\sigma = -W/A$ として解を求めてもよい．

2.3 表面をなめらかにしたり，溝などの隅の丸みをできる限り大きくする．

2.4 材料の強さにばらつきがあったり，荷重が予想した荷重より大きくなったりばらついたりしても，破壊につながらないようにするため．

2.5 カーボンファイバをプラスチックで固めた釣り竿，グラスファイバとプラスチックを用いて製造された小舟など．

2.6 右図の数式表示は，$\sigma_A = \sigma_w - (\sigma_w/\sigma_B) \sigma_m = 180 - (180/480) \sigma_m$ [MPa] であるので，$\sigma_m = 200$ [MPa] のとき $\sigma_A = 105$ [MPa]．

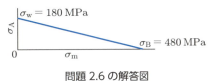

問題 2.6 の解答図

2.7 表 2.3（c）から $I = 4.91 \times 10^{-10}$ [m^4]，表 2.4（d）から $\chi_1 = 1/3, \chi_2 = 1/2$．
式 (2.9) から $\delta_{max} = (1/3) \times 500 \times 0.1^3/\{(206 \times 10^9) \times (4.91 \times 10^{-10})\} = 1.65 \times 10^{-3}$ [m] = 1.65 [mm]．
式 (2.10) から $i_{max} = (1/2) \times 500 \times 0.1^2/\{(206 \times 10^9) \times (4.91 \times 10^{-10})\} = 0.0247$ [rad]．

2.8 表 2.5（a）から $Z_P = 1.57 \times 10^{-6}$ [m^3]，$I_P = 1.57 \times 10^{-8}$ [m^4]．
式 (2.12) から $\tau_{max} = 10/(1.57 \times 10^{-6}) = 6.37 \times 10^6$ [Pa] = 6.37 [MPa]．
式 (2.16) から $\theta = 10/\{(80 \times 10^9) \times (1.57 \times 10^{-8})\} = 7.96 \times 10^{-3}$ [rad/m] ≒ 0.456 [°/m]．

2.9 式 (2.8) において σ_b を σ_a に置き換えて，
$d \geq \sqrt[3]{32M/(\pi\sigma_a)} = \sqrt[3]{32 \times 10 \times 10^3/(\pi \times 100 \times 10^6)} = 0.1$ [m] = 100 [mm]

2.10 式 (2.13) において τ_{max} を τ_a に置き換えて，
$d \geq \sqrt[3]{16T/(\pi\tau_a)} = \sqrt[3]{16 \times 5 \times 10^3/(\pi \times 80 \times 10^6)} = 0.0682$ [m] = 68.2

[mm]

2.11 クレーン車の支柱（トラス構造の長柱が座屈すると，支柱が倒れて大変危険である），水槽タンクを支える長柱（座屈すると水槽が落下して危険である）など．

第3章　問題は p.63

3.1

基準寸法	上の寸法許容差	下の寸法許容差	最大許容寸法	最小許容寸法	寸法公差	公差等級
44	+0.016	0	44.016	44.000	0.016	IT6
50	−0.009	−0.034	49.991	49.966	0.025	IT7
16	+0.024	+0.006	16.024	16.006	0.018	IT7

3.2 穴基準はめあいで，中間ばめ．

3.3 右図のように，指定された表面の切断面に現れる表面の直線からのくるい．

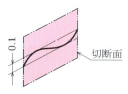

問題 3.3 の解答図

3.4 データム平面 A に垂直で，データム平面 B，C からそれぞれ 15 mm の位置に中心をもつ直径 0.38 mm の円筒の内側．

3.5 Rz：JIS B 0633 に規定する基準長さの粗さ曲線において，もっとも高い山の頂点ともっとも低い谷底までの距離で，μm 単位で表した値．

Rz_{JIS}：基準長さの粗さ曲線において，もっとも高い山の頂点から 5 番目までの高さの平均値ともっとも低い谷底から 5 番目までの谷深さの平均値との和で，μm 単位で表した値．

3.6 除去加工による面で，算術平均粗さ $Ra = 1.6$ μm に仕上げる．表 3.8 から，加工法はフライス削りなど．

3.7 式（3.13）から，$Ra/$寸法公差 $= 0.05$ とすると $Ra = 0.65$ μm．表 3.8 から，研削加工が適当．

3.8 右図のように，データムの優先順位が替わると意味も変わる．

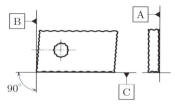

問題 3.8 の解答図

3.9 Rsk は粗さ曲線のスキューネスといい，粗さ曲線 $f(x)$ の三乗平均で，二乗平均平方根粗さ Rq によって無次元化したパラメータである（式（3.11）参照）．

3.10 フライス削りなどが適当であり，右図のようにする．

問題 3.10 の解答図

3.11 ［例 1］軸端面の振れ縮小の工夫：次図 a のように軸受のスパンを長くする

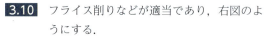

と，軸端面に及ぼす左端軸受の振れの影響が小さくなる．

[例 2] 動圧による磁気ヘッドの浮上：磁気ディスクが回転すると，下図 b のように空気がヘッドの間に入り，ばねとつりあってすき間が一定になる．

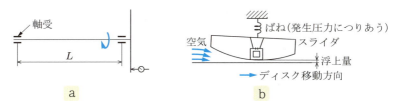

問題 3.11 の解答図

第 4 章　問題は p.82

4.1

ねじの種類	用途	使用例
三角ねじ	固定，張力調整	部品に締結，ターンバックル
	運動変換，微小送り	送りねじ，マイクロメータ
角ねじ，のこ歯ねじ	力の増幅	プレス，バイス
台形ねじ	運動伝達，駆動用	工作機械の送りねじ，弁の開閉
管用ねじ，電球ねじ	密着結合	ガス管の接続，電球やビンの口金
ボールねじ，静圧ねじ	運動伝達	精密位置決めテーブル

4.2
式 (4.1) からリード角 $\beta = \tan^{-1}\{(P/(\pi d_2)\} = \tan^{-1}\{4/(\pi \times 18)\} = 4.046$ [°]，摩擦角 $\rho = \tan^{-1} 0.15 = 8.531$ [°]．式 (4.16a) から $\eta = \tan \beta/\tan(\rho + \beta) = 0.317 = 31.7$ [%]．

4.3
表 4.2 から $P = 2.5$ [mm]，$d_2 = 18.376$ [mm]，式 (4.1) から $\beta = \tan^{-1}\{(P/(\pi d_2)\} = 2.480$ [°]，$\rho' = \tan^{-1}(0.15/\cos 30°) = 9.826$ [°]，式 (4.16b) から $\eta = \tan \beta/\tan(\rho' + \beta) = 0.198 = 19.8$ [%]．

4.4
式 (4.17) から $A_s \geq Q/\sigma_a = 30 \times 10^3/(40 \times 10^6) = 0.75 \times 10^{-3}$ [m^2] $= 750$ [mm^2]，表 4.2 から M36．

4.5
鏡板にかかる荷重 $Q = \pi(d_i/2)^2 p = \pi(0.3/2)^2 \times 2 \times 10^6 = 0.1414 \times 10^6$ [N]，1 本のボルトが負担する荷重 $Q/8 = 1.768 \times 10^4$ [N]，式 (4.17) から $A_s \geq Q/\sigma_a = 1.768 \times 10^4/(40 \times 10^6) = 4.42 \times 10^{-4}$ [m^2] $= 442$ [mm^2]，第 1 選択のねじは表 4.2 から M30．

4.6
式 (4.3) から $d_2 = 40 - 0.5 \times 7 = 36.5$ [mm]，式 (4.1) から $\beta = \tan^{-1}\{7/(36.5\pi)\} = 3.493$ [°]，式 (4.12)，(4.13) から $\rho' = \tan^{-1}(\mu/\cos \alpha_1) = \tan^{-1}(0.15/\cos 15°) = 8.827$ [°]，式 (4.9) から $T_1 = Qd_2 \tan(\rho' + \beta)/2 = 12000 \times 0.0365 \times \tan 12.32°/2 = 47.83$ [N·m]，$F_h = T_1/R = 47.83/2$

= 23.9 [N].

4.7 移動用：角ねじ，のこ歯ねじなど．理由：$\alpha = 0$ であり，式（4.12）の μ' が最小になるから．

締結用：三角ねじ，台形ねじなど．理由：$\alpha > 0$ から，$\mu' > \mu$ になるから．

4.8 強度区分 4.8 は表 4.3 から最小 $\sigma_B = 420$ [MPa]，式（4.18）から $\sigma_a = \sigma_B/3 = 140$ [MPa]，式（4.17）から $A_s \geq Q/\sigma_a = 50 \times 10^3/(140 \times 10^6) = 0.357 \times 10^{-3}$ [m²] = 357 [mm²]，表 4.2 の第 1 選択から M30．

4.9 式（4.17）から $A_s \geq Q/\sigma_a = 10 \times 10^3/(80 \times 10^6) = 0.125 \times 10^{-3}$ [m²] = 125 [mm²] であるので，表 4.2 から M16．式（4.23）から $z \geq Q/(\chi \pi d_1 P \tau_a)$ となるので，$P = 0.002$ [m] と式（4.22b）から $L = P(z + 0.5) \geq Q/(\chi \pi d_1 \tau_a) + 0.5P = 10 \times 10^3/(0.8 \times \pi \times 13.835 \times 10^{-3} \times 40 \times 10^6) + 0.5 \times 0.002 = 0.00819$ [m] = 8.2 [mm]．

4.10 表 4.2 から $d_2 = 10.863$ [mm]，$H_1 = 0.947$ [mm]，表 4.4 から $q_a = 20$ [MPa] とする．式（4.25）から，$Q \leq z\pi d_2 H_1 q_a = 10 \times \pi \times 10.863 \times 10^{-3} \times 0.947 \times 10^{-3} \times 20 \times 10^6 = 6464$ [N] = 6.46 [kN]．q_a の設定次第で Q は変わる．

4.11 下図 a はナットを外部から固定，下図 b はナットとボルト間に小ねじを挿入．

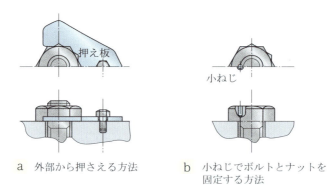

a 外部から押さえる方法 b 小ねじでボルトとナットを固定する方法

問題 4.11 の解答図

第 5 章　問題は p.99

5.1 式（5.2）から，
$d \geq \sqrt[3]{16 \times 9.549 P/(\pi \tau_a n)} = \sqrt[3]{16 \times 9.549 \times 2.2 \times 10^3/(\pi \times 31 \times 10^6 \times 460)} = 0.0196$ [m] = 19.6 [mm] であるので，表 5.1 から $d = 20$ [mm]．

5.2 図 2.7 a，5.1 a から，車軸にはたらく曲げモーメント $M = aW = 0.22 \times 60 \times 10^3 = 13.2 \times 10^3$ [N·m]，式（5.3）から，$d \geq \sqrt[3]{32M/(\pi \sigma_a)} = \sqrt[3]{32 \times}$

$13.2 \times 10^3/(38 \times 10^6 \pi) = 0.152$ [m] $= 152$ [mm].

5.3 式 (5.1) から，トルク $T = 9.549P/n = 9.549 \times 1.5 \times 10^3/1450 = 9.878$ [N·m]，軸の中央に生じる最大曲げモーメント $M = (W/2) \times (l/2) = (180/2) \times (1/2) = 45$ [N·m]．式 (5.4a) から，相当ねじりモーメント $T_e = \sqrt{M^2 + T^2} = \sqrt{45^2 + 9.878^2} = 46.07$ [N·m]，式 (5.4b) から，相当曲げモーメント $M_e = (M + T_e)/2 = (45 + 46.07)/2 = 45.54$ [N·m]．$\sigma_a = \sigma_B/S = 420 \times 10^6/5 = 84 \times 10^6$ [Pa]，式 (2.20) から $\tau_a = 0.5\sigma_a = 42 \times 10^6$ [Pa] として，式 (5.2) から $d \geqq \sqrt[3]{16T_e/(\pi\tau_a)} = \sqrt[3]{16 \times 46.07/(\pi \times 42 \times 10^6)} = 1.774 \times 10^{-2}$ [m] $= 17.7$ [mm]，式 (5.3) から $d \geqq \sqrt[3]{32M_e/(\pi\sigma_a)} = \sqrt[3]{32 \times 45.54/(\pi \times 84 \times 10^6)} = 1.768 \times 10^{-2}$ [m] $= 17.7$ [mm]，表 5.1 から，$d = 18$ [mm]．

5.4 式 (5.1) から，トルク $T = 9.549P/n = 9.549 \times 1500/260 = 55.09$ [N·m]，$\theta = 0.25$ [°/m] $= 4.363 \times 10^{-3}$ [rad/m] であるので，式 (5.5) から，$d \geqq \sqrt[4]{32T/(\pi G\theta)} = \sqrt[4]{32 \times 55.09/(\pi 80 \times 10^9 \times 4.363 \times 10^{-3})} = 0.0356$ [m] $= 35.6$ [mm]，表 5.1 から，$d = 38$ [mm]．

5.5 表 5.3 の参考欄から，$d = 60$ [mm] には $b = 18$ [mm]，$h = 11$ [mm]，式 (5.16) から，$\tau = (2T/d)/(bl) = (2 \times 1200/0.06)/(0.018 \times 0.1) = 22.2 \times 10^6$ [Pa] $= 22.2$ [MPa] $< \tau_a = 40$ [MPa]．

式 (5.17) から，$p = 4T/(dhl) = 4 \times 1200/(0.06 \times 0.011 \times 0.1) = 72.7$ [MPa] $< p_m = 120$ [MPa]．

キーのせん断，面圧ともに強度は十分．

5.6 表 5.2 から $\delta/l = 1/1200$，$i = 1/1000$ [rad]，表 2.4 (c) の最大たわみに対する係数は，$l = 300$ [mm]，$b = 150$ [mm] であるので，$\chi_1 = b \sqrt{(l^2 - b^2)^3}/(9 \times \sqrt{3}l^4) = 0.0208$，$\chi_2 = b (l^2 - b^2)/(6l^3) = 0.0625$．

式 (5.8) から $d \geqq \sqrt[4]{64\chi_1 Wl^2/\{\pi E(\delta/l)\}} = \sqrt[4]{64 \times 0.0208 \times 2000 \times 0.3^2/\{\pi 206 \times 10^9 \times (1/1200)\}} = 0.0258$ [m] $= 25.8$ [mm]．

式 (5.9) から $d \geqq \sqrt[4]{64\chi_2 Wl^2/(\pi Ei)} = \sqrt[4]{64 \times 0.0625 \times 2000 \times 0.3^2/\{\pi 206 \times 10^9 \times (1/1000)\}} = 0.0325$ [m] $= 32.5$ [mm]．

表 5.1 から $d = 35$ [mm]．

5.7 表 2.3 (c) から断面二次モーメント $I = \pi d^4/64 = 1.886 \times 10^{-9}$ [m^4]，軸の断面積 $A = \pi (d/2)^2 = 0.1539 \times 10^{-3}$ [m^2]，式 (5.10) から $n_{c0} = (30 \pi/l^2) \sqrt{EI/(\rho A)} = (30\pi/0.4^2) \sqrt{206 \times 10^9 \times 1.886 \times 10^{-9}/(7.8 \times 10^3 \times 0.1539 \times 10^{-3})} = 10.6 \times 10^3$ [min^{-1}]．

5.8 式 (5.13) から $n_{c1} = (30/\pi ab) \sqrt{3EIl/m} = \{30/(\pi 0.2 \times 0.2)\} \times \sqrt{3 \times 206 \times 10^9 \times 1.886 \times 10^{-9} \times 0.4/1} = 5.155 \times 10^3$ [min^{-1}]．式 (5.14) から $n_c = \sqrt{1/(1/n_{c0}^2 + 1/n_{c1}^2)} = 4.64 \times 10^3$ [min^{-1}]．

演習問題解答 **217**

5.9 ローラチェーンへの衣服などの巻付防止，潤滑に用いているグリースの飛散防止，チェーンの位置のずれや振動による騒音の遮断など．

5.10 下図のようなゴム軸継手がある．

a　星形ゴム軸継手　　　b　タイヤ形ゴム軸継手

問題 5.10 の解答図

第6章　問題は p.117

6.1 内径番号がそれぞれ 06，05，08 であり，内径番号 04（20 mm）以上であるので，内径番号の 5 倍が内径になる．6306 は 30 [mm]，6205 は 25 [mm]，6008 は 40 [mm]．

6.2 7206：72 は軸受系列番号で単列アンギュラ玉軸受，06 は内径番号で 30 [mm]．6308：63 は軸受系列番号で単列深溝玉軸受，08 は内径番号で 40 [mm]．

6.3 表 6.5 から，6006 では $C_r = 13200$ [N]，式 (6.1a) から，$P_r = C_r/\sqrt[3]{L_n} = 13200$ [N] = 13.2 [kN]．

6.4 表 6.5 から，6310 では $C_r = 62000$ [N]，式 (6.1a) から，$L_n = (C_r/P_r)^3 = (62000/5000)^3 = 1907 \times 10^6$ [回転]，時間単位では，$L_h = L_n/(60n) = 1907 \times 10^6/(60 \times 800) = 39730 \fallingdotseq 39700$ [時間]．

6.5（a）6006 では，$f_0 = 14.7$，$C_{0r} = 8300$ [N]．$f_0 F_a/C_{0r} = 14.7 \times 800/8300 = 1.42$，直線補間による $e = 0.30 + \{(0.34 - 0.30)/(2.07 - 1.38)\}(1.42 - 1.38) = 0.302$．
$F_a/F_r = 800/2000 = 0.4 > e = 0.302$ であるので，表 6.6 から，$X = 0.56$．直線補間により，$Y = 1.45 + \{(1.31 - 1.45)/(2.07 - 1.38)\}(1.42 - 1.38) = 1.44$．
（b）式 (6.5) から，$P_r = XF_r + YF_a = 0.56 \times 2000 + 1.44 \times 800 = 2270$ [N] = 2.27 [kN]．
（c）表 6.5 から $C_r = 13200$ [N]，式 (6.2a) から $L_h = (10^6/60n)(C_r/P_r)^3 = \{10^6/(60 \times 680)\}(13200/2270)^3 = 4820$ [時間]．

6.6 6204 では，表 6.5 から $f_0 = 13.1$，$C_{0r} = 6600$ [N]，$f_0 F_a/C_{0r} = 13.1 \times 600/6600 = 1.19$．直線補間により，$e = 0.28 + \{(0.30 - 0.28)/(1.38 - 1.03)\}(1.19 - 1.03) = 0.29$，$F_a/F_r = 600/1500 = 0.4 > e = 0.29$ であるので，表 6.6 から $X = 0.56$．直線補間により，$Y = 1.55 + \{(1.45 - 1.55)/(1.38 - $

$1.03)\}(1.19 - 1.03) = 1.50$. 式 (6.5) から, $P_r = XF_r + YF_a = 0.56 \times 1500 + 1.50 \times 600 = 1740$ [N]. 表6.5から $C_r = 12800$ [N]. 式 (6.2a) から $L_h = (10^6/60n)(C_r/P_r)^3 = \{10^6/(60 \times 960)\}(12800/1740)^3 = 6910$ [時間].

6.7 油膜の厚さが非常に薄く, 摩擦係数も大きく, 場合によっては油膜が切れて金属どうしが接触する状態をいう.

6.8 式 (6.7) から, $p = W/dl = 4 \times 10^3/(0.045 \times 0.095) = 0.936 \times 10^6$ [Pa] $= 0.936$ [MPa].
表6.9から, $p_a = 1 \sim 1.5$ [MPa] であるので, $p < p_a$ となって p_a 以内である.

6.9 表6.9から, $l/d = 0.5 \sim 2 = 2$ とすれば, $l = 2d = 2 \times 0.06 = 0.12$ [m]. 式 (6.7) から, $p = W/dl = 1.8 \times 10^3/(0.06 \times 0.12) = 0.25 \times 10^6$ [Pa] $= 0.25$ [MPa] ≦ 表6.9の $p_a = 0.5 \sim 2$ [MPa].

6.10 軸の周速度 $v = \pi dn/60 = \pi 0.06 \times 560/60 = 1.759$ [m/s], $pv = 0.25 \times 10^6 \times 1.759 = 0.44 \times 10^6$ [Pa·m/s] $= 0.44$ [MPa·m/s], $N = n/60 = 560/60 = 9.333$ [s^{-1}] であるので, 表6.9から $\eta = 40 \times 10^{-3}$ [Pa·s] として, $\eta N/p = 40 \times 10^{-3} \times 9.333/(0.25 \times 10^6) = 1.49 \times 10^{-6}$ [Pa·s] > 工作機械の最小許容 $\eta N/p$ 値 $= 2.5 \times 10^{-9}$ [Pa·s] であるので, 十分な条件になっている.

第7章　問題は p.144

7.1 $z_2 = iz_1 = 2z_1$ であるので, 式 (7.3) から $(z_1 + z_2) = 3z_1 = 2a/m = 2 \times 120/2 = 120$, よって $z_1 = 40$, $z_2 = 80$, $d_1 = mz_1 = 80$ [mm], $d_2 = mz_2 = 160$ [mm], $d_{a1} = d_1 + 2m = 84$ [mm], $d_{a2} = d_2 + 2m = 164$ [mm].

7.2 式 (7.1) から $p = \pi m = 12.566$ [mm], 式 (7.5) から $p_b = \pi m \cos \alpha = 11.809$ [mm].

7.3 下図以外に, ピンどうしのかみあいを利用したものなどがある.

7.4 表7.4~7.6から, $\sigma_{\text{Flim}} = 196$ [MPa], $\sigma_{\text{Hlim}} = 505$ [MPa], $K_A = 1.1$, $K_V =$

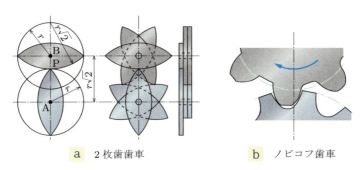

a　2枚歯歯車　　　b　ノビコフ歯車

問題 7.3 の解答図

1.2, $Z_H = 2.495$, $Z_E = 190$ [$\sqrt{\text{MPa}}$], $u = 87/23 = 3.783$, 図 7.12 から $Y_F = 2.68$, 式 (7.10) から, $F = 60P/(\pi n_1 z_1 m) = 60 \times 7.5 \times 10^3/(\pi \times 650 \times 23 \times 5 \times 10^{-3}) = 1.916 \times 10^3$ [N].

歯の曲げ強さからの歯幅：式 (7.15) から, $b \geq FY_F K_A K_V/(\sigma_{\text{Flim}} m) = 1.916 \times 10^3 \times 2.68 \times 1.1 \times 1.2/(196 \times 10^6 \times 5 \times 10^{-3}) = 6.92 \times 10^{-3}$ [m] = 6.92 [mm].

歯面強さからの歯幅：式 (7.18) から, $b \geq F(Z_H Z_E/\sigma_{\text{Hlim}})^2\{(u+1)/u\}\{K_A K_V/(mz_1)\} = 1.916 \times 10^3 \times \{2.495 \times 190 \times 10^3/(505 \times 10^6)\}^2 (4.783/3.783) \{1.1 \times 1.2/(5 \times 10^{-3} \times 23)\} = 24.5 \times 10^{-3}$ [m] = 24.5 [mm].

歯幅：式 (7.16) で $K = 6$ として, 上記の結果 24.5 [mm] より大きい $b = 30$ [mm] とする.

7.5 表 7.4～7.6 から, $\sigma_{\text{Flim}} = 206$ [MPa], $\sigma_{\text{Hlim}} = 530$ [MPa], $K_A = 1.1$, $K_V = 1.2$, $Z_H = 2.495$, $Z_E = 190$ [$\sqrt{\text{MPa}}$], $u = 90/25 = 3.6$, 基準円の周速度 $v = \pi m z_1 n_1/60 = \pi \times 2 \times 10^{-3} \times 25 \times 1480/60 = 3.875$ [m/s], 図 7.12 から $Y_F = 2.63$.

歯の曲げ強さ：式 (7.15) から, $F \leq \sigma_{\text{Flim}} bm/(Y_F K_A K_V) = 206 \times 10^6 \times 20 \times 10^{-3} \times 2 \times 10^{-3}/(2.63 \times 1.1 \times 1.2) = 2374$ [N].

歯面の強さ：式 (7.18) から, $F \leq \{\sigma_{\text{Hlim}}/(Z_H Z_E)\}^2\{u/(u+1)\}\{bmz_1/(K_A K_V)\} = \{530 \times 10^6/(2.495 \times 190 \times 10^3)\}^2 (3.6/4.6)\{20 \times 10^{-3} \times 2 \times 10^{-3} \times 25/(1.1 \times 1.2)\} = 741$ [N].

動力：小さいほうの力 $F = 741$ N から, 動力 $P = Fv = 741 \times 3.875 = 2870$ [W] = 2.87 [kW].

7.6 表 7.4, 7.5 から, $\sigma_{\text{Flim}} = 221$ [MPa], $\sigma_{\text{Hlim}} = 565$ [MPa], $K_A = 1.1$, $K_V = 1.2$, $Z_H = 2.495$, $Z_E = 190$ [$\sqrt{\text{MPa}}$], $u = i = 3$, 式 (7.16) で $K = 8$ として, モジュール $m = 2.5$ [mm] と仮定する.

$a = m(z_1 + z_2)/2 = m(z_1 + iz_1)/2 = 4mz_1/2$ であるので, $z_1 = a/(2m) = 64$, 図 7.12 から $Y_F = 2.26$, 式 (7.10) は $F = 60P/(\pi n_1 z_1 m) = 60 \times 15 \times 10^3/(\pi \times 750 \times 64 \times 2.5 \times 10^{-3}) = 2387$ [N].

歯の曲げ強さ：式 (7.15) の右辺は, $\sigma_{\text{Flim}} bm/(Y_F K_A K_V) = 221 \times 10^6 \times 20 \times 10^{-3} \times 2.5 \times 10^{-3}/(2.26 \times 1.1 \times 1.2) = 3704$ [N] $\geq F = 2387$ [N] となって, 曲げ強さを満たす.

歯面の強さ：式 (7.18) の右辺は, $\{\sigma_{\text{Hlim}}/(Z_H Z_E)\}^2\{u/(u+1)\}\{bmz_1/(K_A K_V)\} = \{565 \times 10^6/(2.495 \times 190 \times 10^3)\}^2 (3/4)\{20 \times 10^{-3} \times 2.5 \times 10^{-3} \times 64/(1.1 \times 1.2)\} = 2583$ [N] $\geq F = 2387$ [N] となって, 歯面の強さを満たす.

モジュール：以上の結果から, $m = 2.5$ [mm].

7.7 式 (7.20) において $i = i_1 i_2 i_3 = (z_2'/z_1)(z_3'/z_2)(z_4'/z_3) = 120$, i_1, i_2, i_3 をたが

いに近い値にして $i_1 = 4$, $i_2 = 5$, $i_3 = 6$ とする. $z_2' = i_1 z_1 = 128$, $z_3' = i_2 z_2 =$ 160, $z_4' = i_3 z_3 = 192$ となるが, 駆動歯車の歯数と被動歯車のそれが素の関係になるように, 大歯車の歯数を ± 1 した組合せで減速比が 120 に近い 120.43 になる歯数 $z_2' = 127$, $z_3' = 161$, $z_4' = 193$ にする.

7.8 のり付け法によると下表のようになる. 腕⓪が $+1$ 回転すると, 軸Ⅰ (歯車①) は $\{1 - z_3 z_2/(z_2' z_1)\} = +101/2601$ [回転] または 0.03883 [回転].

問題 7.8 の解答表

手順	歯車③	歯車②′ と歯車②	歯車①	腕⓪
(1) 腕⓪を固定して歯車③を -1 回転	-1	z_3/z_2'	$-(z_3/z_2')(z_2/z_1)$	0
(2) 全体をのり付けして $+1$ 回転	$+1$	$+1$	$+1$	$+1$
(3) 上記 (1) と (2) の和	0	$z_3/z_2' + 1$	$-(z_3/z_2')(z_2/z_1) + 1$	$+1$

7.9 のり付け法によると次表のようになる. 左の車輪 (歯車④′) が 1 回転減じると, 右車輪 (歯車④) は 1 回転増える. このほかに「減速大歯車を固定して左車輪が 1 回転減じると, 右車輪は 1 回転増える」としてもよい.

問題 7.9 の解答表

手順	歯車④′	歯車③, ③′	歯車④	歯車②
(1) 歯車②を固定して歯車④を -1 回転	-1	$-z_4/z_3$	$+(z_4/z_3)(z_3/z_4')$	0
(2) 全体をのり付けして $+n$ 回転	$+n$	$+n$	$+n$	$+n$
(3) 上記 (1) と (2) の和	$n-1$	$n - z_4/z_3$	$n+1$	$+n$

第8章   問題は p.168

8.1 **ベルト**：設計動力 $P_d = K_0 P = 3$ [kW], 図 8.3 から 3V の V ベルトを選択.
プーリ：式 (8.1) から $r = n_1/n_2 = 2$, 表 8.6 から呼び外径 $d_{e1} = 100$ [mm] の直径 $d_{m1} = 98.8$ [mm], 大プーリの直径 $d_{m2} = r d_{m1} = 197.6 \fallingdotseq 198.8$ [mm], 呼び外径 $d_{e2} = 200$ [mm].
ベルトの有効周長さ：式 (8.3) から $L = 2a + (\pi/2)(d_{m2} + d_{m1}) + (d_{m2} - d_{m1})^2/(4a) = 900 + 467.5 + 5.5 = 1373$ [mm]. 表 8.4 から呼び番号 530, 有効周長さ $L_e = 1346$ [mm] を選択.
軸間距離：式 (8.4) から $B = L_e - (\pi/2)(d_{m2} + d_{m1}) = 1346 - 467.5 = 878.5$ [mm], $a = \{B + \sqrt{B^2 - 2(d_{m2} - d_{m1})^2}\}/4 = (878.5 + 867.0)/4 = 436.4$

演習問題解答　221

8.2 **ベルト**：表 8.7 から $K_0 = 1.1$，$P_\mathrm{d} = K_0 P = 6.05$ [kW]，図 8.3 から 3 V のベルトを選択．
プーリ：式 (8.1) から $r = n_1/n_2 = 1.25$，表 8.6 から呼び外径 $d_{\mathrm{e}1} = 100$ [mm] の直径 $d_{\mathrm{m}1} = 98.8$ [mm]，大プーリの直径 $d_{\mathrm{m}2} = rd_{\mathrm{m}1} = 123.5 \fallingdotseq 123.8$ [mm]，呼び外径 $d_{\mathrm{e}2} = 125$ [mm]．
ベルトの有効周長さ：式 (8.3) から，$L = 2a + (\pi/2)(d_{\mathrm{m}2} + d_{\mathrm{m}1}) + (d_{\mathrm{m}2} - d_{\mathrm{m}1})^2/(4a) = 900 + 349.7 + 0.35 = 1250$ [mm]，表 8.4 から呼び番号 500，有効周長さ $L_\mathrm{e} = 1270$ [mm] を選択．
軸間距離：式 (8.4) から $B = L_\mathrm{e} - (\pi/2)(d_{\mathrm{m}2} + d_{\mathrm{m}1}) = 1270 - 349.7 = 920.3$ [mm]，$a = \{B + \sqrt{B^2 - 2(d_{\mathrm{m}2} - d_{\mathrm{m}1})^2}\}/4 = (920.3 + 919.6)/4 = 460$ [mm]．

8.3 **ピッチと歯数の設定**：ピッチ $p = 12.70$ mm の呼び番号 40 のチェーン，歯数 $z_1 = 18$ を仮定する．式 (8.15) から $P_\mathrm{d} = f_1 P = 1950$ [W]，式 (8.16) から $v_\mathrm{m} = pz_1 n_1/60 = 1.143$ [m/s]，式 (8.17) から $T_\mathrm{t} = P_\mathrm{d}/v_\mathrm{m} = 1706$ [N]，表 8.14 から最小引張強さは 13.9 [kN] = 13900 [N]，したがって，安全率 $S = 13900/1706 = 8.1 > 7$ となって十分な安全率．
大スプロケット：大スプロケットの歯数 $z_2 = rz_1 = 45$．
リンク数と軸間距離：式 (8.20) から $X = 2a/p + (z_1 + z_2)/2 + (p/a)\{(z_2 - z_1)/(2\pi)\}^2 = 78.74 + 31.5 + 0.47 = 110.7 \fallingdotseq 110$，式 (8.21) から $B = X - (z_2 + z_1)/2 = 110 - 31.5 = 78.5$，$a = (p/4)[B + \sqrt{B^2 - 2\{(z_2 - z_1)/\pi\}^2}] = 3.175 \times 156.1 = 495.6$ [mm]．（注：z_1 のとり方で解はいくつもある）

8.4 式 (8.15) から $P_\mathrm{d} = f_1 P = 3250$ [W]，式 (8.16) から $v_\mathrm{m} = pzn/60 = 2.646$ [m/s]，式 (8.17) から $T_\mathrm{t} = P_\mathrm{d}/v_\mathrm{m} = 1228$ [N]，表 8.14 から最小引張強さは 13.9 [kN] = 13900 [N]，したがって，安全率 $S = 13900/1228 = 11.3 > 7$ となって十分な安全率．

8.5 大スプロケットの歯数 $z_2 = rz_1 = 100$，式 (8.20) から $X = 2a/p + (z_1 + z_2)/2 + (p/a)\{(z_2 - z_1)/(2\pi)\}^2 = 154.3 + 62.5 + 1.85 = 218.7 \fallingdotseq 218$，よって $X = 218$．

8.6 円すいとリングを利用した例を右図に示す．

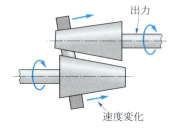

問題 8.6 の解答図

第 9 章   問題は p.179

9.1 式 (1.8) から $T = 30P/(\pi n) = 480 \times 10^3/377 = 1273$ [N·m]，式 (9.2) か

ら $D_0 \geq \sqrt{2T/(\mu\pi bp_{\mathrm{a}})} = \sqrt{2546/42411} = 0.245$ [m] $= 245$ [mm], $D_1 = D_0$ $- b = 185$ [mm], $D_2 = D_0 + b = 305$ [mm].

9.2 式 (1.8) から $T = 30P/(\pi n) = 66 \times 10^3/4398 = 15.0$ [N·m], 式 (9.1) から $D_0 = (D_2 + D_1)/2 = 250$ [mm], $N_{\mathrm{p}} = 1$ として式 (9.2) から $Q = 2T/(\mu D_0) = 30/0.0625 = 480$ [N].

9.3 式 (9.3) から $F = 2T/(\mu D) = 20/0.06 = 333.3$ [N], 式 (9.5) から $F_{\mathrm{h}} = F(b \pm \mu c)/a = 333.3 \times (500 \times 10^{-3} \pm 10 \times 10^{-3})/(1000 \times 10^{-3})$ [N] となるので, 時計回り：170 [N], 反時計回り：163 [N].

9.4 式 (1.8) から $T = 30P/(\pi n) = 441 \times 10^3/3142 = 140.4$ [N·m], 式 (9.2) から $N_{\mathrm{p}} \geq 2T/(\mu\pi D_0^2 bp_{\mathrm{a}}) = 280.8/75.4 = 3.7 \fallingdotseq 4$ [面].

9.5 摩擦熱を放散しやすくするため.

9.6 **摩擦ブレーキ**：原理は, 運動エネルギーを熱エネルギーに変換. 機構は簡単で安価, メンテナンスも容易. しかし, 変換された熱エネルギーは大気中に放散されるので, 省エネにならない.

回生ブレーキ：原理は, モータを発電機の機能にして, 運動エネルギーを電気エネルギーに変換. 変換された電気エネルギーは再利用するので, 省エネになる. ただし, 構造が複雑, コストが高い, 高度なメンテナンス技術が必要などの問題がある.

第10章　　問題は p.190

10.1 時間を t, $\theta = \omega t$ とする. $r \sin \theta = l \sin \phi$ であり, $\phi \leq (r/l) \ll 1$ とすれば, 三角関数の関係 (倍角) から $\sin^2 \theta = (1 - \cos 2\theta)/2$ であるので, $\cos \phi = \sqrt{1 - \sin^2 \phi} \fallingdotseq 1 - \sin^2 (\phi/2) = 1 - (r/l)^2 (1 - \cos 2\theta)/4$.

スライダの位置 x：$x = r \cos \theta + l \cos \phi = r \cos \theta + l \{1 - (r/l)^2 (1 - \cos 2\theta)/4\}$.

位置, 速度, 加速度：$\omega = 120$ [rad/s], $r = 50$ [mm], $l = 150$ [mm], $\theta = \omega t = 60$ [°] であるので, $x = 25 + 143.8 = 168.8$ [mm].

$v = \mathrm{d}x/\mathrm{d}t = -r\omega \sin \omega t - l\omega (r/l)^2 (\sin 2\omega t)/2 = -5196 - 866 = -6062$ [mm/s] $\fallingdotseq -6.06$ [m/s].

$\alpha = \mathrm{d}v/\mathrm{d}t = -r\omega^2 \cos \omega t - l\omega^2 (r/l)^2 \cos 2\omega t = -360 \times 10^3 + 120 \times 10^3 = -240 \times 10^3$ [mm/s^2] $= -240$ [m/s^2].

10.2 皿の中心からずれた位置に物体を載せると, リンク b や d に曲げモーメントがはたらくが, これらのリンクは回転できないので, 上下方向の平行運動だけを行う.

10.3 略

10.4 次図に示す.

10.5 $\theta = \omega t$ とし, $\theta = \pi/2$ で $y = h/2$ になる変位 y は次のようになる.

演習問題解答　223

変位 $y = (2h/\pi^2)\theta^2 : (0 \leq \theta \leq \pi/2)$, $y = h - (2h/\pi^2)(\theta - \pi)^2 : (\pi/2 < \theta \leq \pi)$
速度 $v = dy/dt = 4h\omega\theta/\pi^2 : (0 \leq \theta \leq \pi/2)$, $v = -4h\omega(\theta - \pi)/\pi^2 : (\pi/2 < \theta \leq \pi)$
加速度 $\alpha = dv/dt = 4h\omega^2/\pi^2 : (0 \leq \theta \leq \pi/2)$, $\alpha = -4h\omega^2/\pi^2 : (\pi/2 < \theta \leq \pi)$

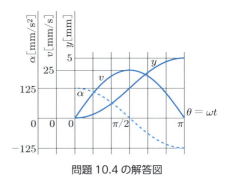

問題 10.4 の解答図

第 11 章　問題は p.201

11.1 式 (2.9)，表 2.4（d）から $\delta = (1/3)Wl^3/(EI)$, $k = W/\delta = 3EI/l^3 = 1.03 \times 10^6$ [N/m] $= 1.03 \times 10^3$ [N/mm].

11.2 式 (11.3a) から $\psi = 32Tl/(\pi d^4 G) = 0.1455$ [rad], $k_T = T/\psi = 687$ [N·m/rad].

11.3 式 (11.11) から $k = Gd^4/(8N_a D^3) = 9072$ [N/m] $= 9.07$ [N/mm].

11.4 式 (11.10) から $\delta = 8N_a WD^3/(Gd^4) = 0.082$ [m] $= 82$ [mm], $k = W/\delta = 6.1$ [N/mm].

11.5 式 (11.10) から $N_a = \delta Gd^4/(8WD^3) = 24$.

11.6 式 (11.13) から $\psi = 64WRN_a D/(Ed^4) = 1.193$ [rad] $= 68.4$ [°].

11.7 $k = W/\delta = 12.5$ [N/mm] $= 12.5 \times 10^3$ [N/m], $d = D/c = 10$ [mm] $= 0.01$ [m], 式 (11.11) から $N_a = Gd^4/(8kD^3) = 15.6$, 式 (11.6) から $\kappa = 1.184$, $\tau = 8\kappa WD/(\pi d^3) = 241 \times 10^6$ [Pa] $= 241$ [MPa], 図 11.3 から $\tau_a \fallingdotseq 645$ MPa $> \tau = 241$ [MPa], 強度は十分.

11.8 $b_0 = 40t$ と式 (11.17) から $t = \sqrt[4]{6Wl^3/(40E\delta)} = 0.0112$ [m], $b_0 = 40t = 0.448$ [m], 式 (11.16) から $\sigma_x = 6Wl/(b_0 t^2) = 283 \times 10^6$ [Pa] $= 283$ [MPa] $< \sigma_a = 392$ [MPa], 強度は十分.

第 12 章　問題は p.211

12.1 式 (12.4) から Sch $= (p/s) \times 1000 = 77.7$, 表 12.4 から Sch80 を選定.

12.2 式 (12.2) から $d = \sqrt{4Q/(\pi v)} = \sqrt{(4 \times 16 \times 10^{-3}/60)/(\pi \times 3.8)} = 0.0095$ [m] $= 9.5$ [mm]. 表 12.4 の Sch80 の欄から，内径 $(D - 2t)$ が d 以上でもっとも近い 10A ($D = 17.3$ mm, $t = 3.2$ mm, $D - 2t = 10.9$ mm) を選ぶ.

12.3 式 (12.4) から Sch $= (p/s) \times 1000 = 50$, 表 12.4 から Sch60 を選定.
式 (12.2) から $d = \sqrt{4Q/(\pi v)} = \sqrt{(4 \times 21 \times 10^{-3}/60)/(\pi \times 2.8)} = 0.013$

[m] = 13 [mm]．表12.4のSch60の欄から，内径 $(D - 2t)$ が d 以上で d にもっとも近い15A $(D = 21.7$ mm, $t = 3.2$ mm, $D - 2t = 15.3$ mm$)$ を選ぶ．よって，15A × Sch60．

12.4 表12.4のSch60の欄から，$D = 34$ [mm]，$d = D - 2t = 26.2$ [mm]．
式 (12.1) から $v = 4Q/(\pi d^2) = (4 \times 22 \times 10^{-3}/60)/(\pi \times 0.0262^2) = 0.68$ [m/s]．

12.5 式 (12.2) から $d = \sqrt{4Q/(\pi v)} = \sqrt{(4 \times 32 \times 10^{-3}/60)/(\pi \times 4)} = 0.013$ [m] = 13 [mm]．

12.6 式 (12.4) から Sch $= (p/s) \times 1000 = 33$，表12.4から Sch40 を選定．
式 (12.2) から $d = \sqrt{4Q/(\pi v)} = \sqrt{(4 \times 36 \times 10^{-3}/60)/(\pi \times 2)} = 0.020$ [m] = 20 [mm]．
表12.4のSch40の欄から，内径 $(D - 2t)$ が d 以上で d にもっとも近い20A $(D = 27.2$ mm, $t = 2.9$ mm, $D - 2t = 21.4$ mm$)$ を選ぶ．よって，20A × Sch40．

12.7 式 (12.1) から $v = 4Q/(\pi d^2) = (4 \times 32 \times 10^{-3}/60)/(\pi \times 0.032^2) = 0.663$ [m/s]．

12.8 表12.5 から $d = 33.249$ [mm]，$P = 2.309$ [mm]．

12.9 機器間をねじ込み式によって配管する場合，機器を回さないとねじ込めないことがある．この場合，ユニオンを用いれば機器を回す必要がなくなる．

12.10 たとえば，下図のようなものがある（JIS Z 9102[87]）．

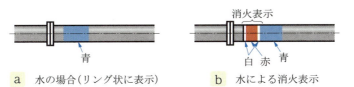

a　水の場合（リング状に表示）　　b　水による消火表示

問題 12.10 の解答図

参考文献

[1] 塚田忠夫 ほか『新機械設計』実教出版（2014）13

[2] JIS Z 8601：1954 標準数

[3] JIS B 0001：2019 機械製図

[4] ISO 16792：2015 Technical product documentation—Digital product definition data practices

[5] 清水茂夫『機械系のための信頼性設計入門』数理工学社（2006）2

[6] JIS Z 8115：2019 ディペンダビリティ（信頼性）用語

[7] 日本機械学会 編『機械工学便覧，デザイン編 β1 設計工学』（2007）118

[8] 日本機械学会 編『機械工学便覧，A4 材料力学』（1984）100

[9] 日本機械学会 編『機械工学便覧，A4 材料力学』（1984）48

[10] 日本機械学会 編『機械工学便覧，A4 材料力学』（1984）114

[11] 飯塚幸三 監修『計測における不確かさの表現のガイド』日本規格協会（1996）

[12] BIPM, IEC, IFCC, ISO, IUPAC, IUPAP, OIML Guide to the expression of uncertainty in measurement（1995）

[13] 松本弘一『長さ標準 —歴史，現状，今後—』精密工学会誌，**80**, 7（2014）630

[14] 田中健一『トレーサビリティと測定の不確かさ』精密工学会誌，**65**, 7（1999）945

[15] JIS Z 8317-1：2008 製図—寸法及び公差の記入方法—第 1 部：一般原則

[16] JIS B 0401-1：2016 製品の幾何特性仕様（GPS）—長さに関わるサイズ公差の ISO コード方式—第 1 部：サイズ公差，サイズ差及びはめあいの基礎

[17] JIS Z 8318：2013 製図—長さ寸法及び角度寸法の許容限界記入方法

[18] JIS B 0405：1991 普通公差—第 1 部：個々に公差の指示がない長さ寸法及び角度寸法に対する公差

[19] JIS B 0621：1984 幾何偏差の定義及び表示

[20] JIS B 0021：1998 製品の幾何特性仕様（GPS）—幾何公差表示方式—形状，姿勢，位置及び振れの公差表示方式

[21] JIS B 0023：1996 製図—幾何公差表示方式—最大実体公差方式及び最小実体公差方式

[22] 桑田浩志，德岡直静『機械製図マニュアル』日本規格協会（2010）276

[23] JIS B 0419：1991 普通公差—第 2 部：個々に公差の指示がない形体に対する幾何公差

[24] JIS B 0634：2017 製品の幾何特性仕様（GPS）—フィルタ処理—線形の輪郭曲線フィルタ：ガウシアンフィルタ

[25] JIS B 0601：2013 製品の幾何特性仕様（GPS）—表面性状：輪郭曲線方式—用語，定義及び表面性状パラメータ

[26] JIS B 0631：2000 製品の幾何特性仕様（GPS）—表面性状：輪郭曲線方式—モチーフパラメータ

[27] JIS B 0671-1, 2, 3：2022（1），2002（2, 3） 製品の幾何特性仕様（GPS）—表面性状：輪郭曲線方式—プラトー構造表面の特性評価

[28] JIS B 0610：2001 製品の幾何特性仕様（GPS）—表面性状：輪郭曲線方式—転がり円うねりの定義及び表示

[29] JIS B 0633：2001 製品の幾何特性仕様（GPS）—表面性状：輪郭曲線方式—表面性状評価の方式及び手順

[30] 株式会社ナーゲル・アオバプレシジョン「ホーニングとは？」http://www.nagel-aoba.jp/honing/index.html（2024 年 9 月）

[31] JIS B 0031：2022 製品の幾何特性仕様（GPS）—表面性状の図示方法

[32] JIS B 0122：1978 加工方法記号

[33] JIS B 0205-1：2001 一般用メートルねじ—第 1 部：基準山形

[34] JIS B 0205-2：2001 一般用メートルねじ—第 2 部：全体系

[35] JIS B 0205-3：2001 一般用メートルねじ—第 3 部：ねじ部品用に選択したサイズ

[36] JIS B 0123：1999 ねじの表し方

[37] JIS B 0205-4：2001 一般用メートルねじ—第 4 部：基準寸法

[38] JIS B 0206：1973 ユニファイ並目ねじ

[39] JIS B 0208：1973 ユニファイ細目ねじ

[40] JIS B 0216：2013 メートル台形ねじ

[41] JIS C 7709-0：2018 電球類の口金・受金及びそれらのゲージ並びに互換性・安全性—第 0 部：電球類の口金・受金及びそれらのゲージ類の総括的事項

[42] JIS B 0202：1999 管用平行ねじ

[43] JIS B 0203：1999 管用テーパねじ

[44] JIS B 1083：2008 ねじの締付け通則

[45] JIS B 1051：2014 炭素鋼及び合金鋼製締結用部品の機械的性質—強度区分を規定したボルト，小ねじ及び植込みボルト—並目ねじ及び細目ねじ

[46] JIS B 0101：2013 ねじ用語

[47] JIS B 1251：2018 ばね座金

[48] JIS B 0903：2001 円筒軸端

[49] 日本機械学会 編『機械工学便覧，A3 力学・機械力学』（1986）160

[50] JIS B 1301：2009 キー及びキー溝

[51] 日本機械学会 編『機械工学便覧，デザイン編 $\beta 4$』（2005）33

[52] JIS B 1601：1996 角形スプライン—小径合わせ—寸法，公差及び検証方法

[53] JIS B 1193-1：2013 ボールスプライン—第 1 部：一般特性及び要求事項

[54] JIS B 1451：1991 フランジ形固定軸継手

[55] 日本潤滑学会 編『潤滑ハンドブック』養賢堂（1974）543

[56] JIS B 1511：1993 転がり軸受総則

[57] JIS B 1513：1995 転がり軸受の呼び番号

[58] 『転がり軸受カタログ』日本精工（株）（2006）

[59] JIS B 2402-1：2013 オイルシール—第 1 部：寸法及び公差

[60] JIS B 0104：1991 転がり軸受用語

[61] 北郷薫 監修『機械システム設計便覧』日本規格協会（1986）645

[62] 香取英男『非円形歯車の設計・製作と応用』日刊工業新聞社（2001）

[63] JIS B 1701-1：2012 円筒歯車—インボリュート歯車歯形—第 1 部：標準基準ラック歯形

[64] JIS B 1701-2：2017 円筒歯車—インボリュート歯車歯形—第 2 部：モジュール

[65] JIS B 0102：2013 歯車用語—幾何学的定義

[66] JGMA 6101-01：1988 平歯車及びはすば歯車の曲げ強さ計算式

参考文献 227

[67] JGMA 6102-01：1989 平歯車及びはすば歯車の歯面強さ計算式
[68] 北郷薫 監修『機械システム設計便覧』日本規格協会 (1986) 966
[69] 日本機械学会 編『機械工学便覧, デザイン編 β4』(2005) 92-94
[70] 日本機械学会 編『機械工学便覧, デザイン編 β4』(2005) 98
[71] JIS K 6368：1999 細幅 V ベルト
[72] JIS B 1855：1991 細幅 V プーリ
[73] JIS B 1856：2018 一般用台形歯形歯付ベルト伝動—ベルト及びプーリ
[74] JIS B 1810：2024 伝動用ローラチェーンの選定指針
[75] JIS B 1801：2020 伝動用ローラチェーン及びブシュチェーン
[76] JIS B 2704-1：2018 コイルばね—第 1 部：基本計算方法
[77] JIS B 2704-2：2018 コイルばね—第 2 部：仕様の表し方
[78] JIS B 2710-1：2020 重ね板ばね—第 1 部：用語
[79] JIS B 2710-2：2020 重ね板ばね—第 2 部：設計方法
[80] JIS B 2706-1：2023 皿ばね—第 1 部：計算
[81] JIS B 2706-2：2023 皿ばね—第 2 部：製品仕様及び測定・試験方法
[82] 日本機械学会 編『機械工学便覧, A4 材料力学』(1984) 29
[83] 日本機械学会 編『機械工学便覧, A4 材料力学』(1984) 37
[84] JIS G 3454：2019 圧力配管用炭素鋼鋼管
[85] JIS B 0203：1999 管用テーパねじ
[86] JIS B 0202：1999 管用平行ねじ
[87] JIS Z 9102：1987 配管系の識別表示

索　引

英　数

2 点測定　40
4 節リンク機構　180
d_mn 値　111
ISO　3
JIS　3
S-N 曲線　30
V プーリ　148
V ベルト　148
V ベルト伝動　146

あ　行

アッベの原理　61
粗さ曲線　57
粗さパラメータ　57
アルキメデス曲線　187
安全率　34
板カム　186
一義性　9
一方向クラッチ　173
一般用メートルねじ　66
インボリュート曲線　121
インボリュート歯車　121
ウォーム減速装置　144
内側形体　41
うねりパラメータ　57
エネルギー　14
遠心クラッチ　173
延性材料　19
円筒カム　186
円板クラッチ　170
オイルシール　111
応力集中　29
応力集中係数　29
応力 – ひずみ線図　19
押えボルト　79

オルダム軸継手　97, 184

か　行

解析　9
回転速度　16
角ねじ　69
重ね板ばね　199
かみあい率　127
カム機構　186
カム線図　187
間欠運動機構　190
含油軸受　114
管路　210
キー　90
機械　1
機械設計　4
機械的性質　22
機械の寿命　11
機械要素　2
幾何公差　46
幾何特性　47
危険速度　89
危険断面　24
基準圧力角　123
基準円　122
基準寸法　40
基礎円　121
基礎円ピッチ　124
機能　12, 37
基本公差　41
基本静定格荷重　105
基本定格寿命　105
基本動定格荷重　105
境界潤滑状態　115
共通データム　48
極限強さ　20
極断面係数　27

許容応力　34
許容限界寸法　40
切欠効果　29
切下げ　127
管継手　206
管用ねじ　69, 206
クラウニング　129
繰返し荷重　29
クリープ　33
形状係数　29
形体　47
減速比　125
コイルばね　194
公差域　41
公差域クラス　43
公差記入枠　49
公差等級　41
工数　7
工程設計　7
交番荷重　29
降伏点　20
故障率　11
故障率曲線　11
固定軸継手　95
固定連鎖　180
小ねじ　79
転がり軸受　101
コンタミネーション　110

さ　行

サイクロイド歯車　122
最小実体状態　54
最大実体公差方式　53
最大せん断応力説　34
最大高さ粗さ　58
座金　82
座屈　31

差動歯車装置　142
三角ねじ　66
算術平均粗さ　58
三平面データム系　49
仕切り弁　210
軸線　47
軸直線　48
軸継手　95
仕事　14
自在軸継手　97
実用データム　48
絞り弁　210
しまりばめ　45
ジャーナル軸受　113
修正グッドマン線図　31
集中応力　29
主断面二次モーメント
　32
十点平均粗さ　58
仕様　5
冗長性設計　12
正面組合せ　102
信頼性設計　12
信頼度　12
すきまばめ　45
スケジュール番号　205
スプライン　94
スプロケット　162
滑り軸受　101
スライダクランク機構
　183
スラスト軸受　101
スラスト玉軸受　103
寸法許容差　40
寸法効果　34
寸法公差　40
静圧軸受　115
静荷重　28
ぜい性材料　20
精度鈍感設計　60
性能　37
設計解　9
ゼネバ機構　190

セルフロッキング　144
セレーション　94
せん断応力　21
せん断荷重　19
せん断ひずみ　21
総合　6
創成歯形　123
相当ねじりモーメント
　87
相当引張応力　76
相当曲げモーメント　87
速度係数　108
速度伝達比　125
外側形体　41

た　行

対偶　180
第三角法　9
耐力　20
タッピンねじ　80
縦弾性係数　20
ダブルナット方式　82
たわみ角　88, 89
たわみ曲線　25
たわみ軸継手　95
ダンカレーの方法　90
単純曲げ　25
弾性限度　20
単ブロックブレーキ　174
断面係数　23
断面二次極モーメント
　27
断面二次モーメント　25
単列深溝玉軸受　102
チェーン伝動　161
中間ばめ　45
中立軸　23
調和運動　188
直動カム　186
疲れ寿命係数　108
つば軸受　114
つめ車　178

締結要素　2
ディスクブレーキ　177
てこ機構　180
データム　47
転位係数　128
転位歯車　128
動圧軸受　114
投影法　9
動荷重　28
等径ひずみ円　46
動的公差線図　55
動等価荷重　109
動力　14
トーションバー　194
止めねじ　80
止め弁　209
トラス構造　32
ドラムブレーキ　176
トルク　16
トルクレンチ　71

な　行

並目　67
ねじインサート　81
ねじの効率　73
ねじの緩み止め　81
ねじりコイルばね　198
ねじり剛性　27, 88
ねじりのばね定数　193
ねじりモーメント　27
のこ歯ねじ　69
のり付け法　141

は　行

背面組合せ　102
倍力装置　186
歯形係数　130
歯車列　125
歯先とがり限界　128
バスタブ曲線　11
歯付ベルト　154

歯付ベルト伝動　154
バックラッシ　127
波動歯車装置　142
ばね定数　192
歯の曲げ強さ　129
はめあい　44
はめあい長さ　77
はめあい方式　45
歯面の強さ　132
パンタグラフ　185
バンドブレーキ　177
ピッチ　66, 123
引張応力　19
引張強さ　20
比ねじれ角　28
評価　9
標準数　4
表面性状　56
平ベルト　158
平ベルト伝動　158
比例限度　20
疲労限度　31
疲労限度線図　31
疲労破壊　30
フェールセーフ設計　12
複ブロックブレーキ　176
不限定連鎖　181
不確かさ　37
普通公差　46
フックの法則　19
物理量　15

フールプルーフ設計　12
ブロックブレーキ　174
ヘルツ応力　132
変速歯車装置　140
変動荷重　29
細目　67
ボールスプライン　94
ボールねじ　69

ま 行

曲げ応力　23
曲げ剛性　26, 89
曲げモーメント　23
摩擦　15
摩擦角　15
摩擦クラッチ　169
摩擦係数　15
摩擦特性曲線　115
摩擦ブレーキ　174
無段変速装置　167
メンテナンス　3
木ねじ　80
モジュール　123

や 行

ヤング率　20
有効径　66
有効周長さ　148
有効巻数　196

遊星歯車装置　140
ユニバーサルデザイン　13
ユニファイねじ　67
横弾性係数　22

ら 行

ライフサイクル　13
ラジアル軸受　101
ラック　122
リサイクル　13
リデュース　13
リード　65
リード角　65
リードタイム　7
リニアガイド　113
流体クラッチ　173
リユース　13
リンク　180
リンク機構　180
レージトング　186
連鎖　180
ローラチェーン　161

わ 行

ワールの応力修正係数　195

索　引　231

著者略歴

塚田忠夫（つかだ・ただお）
1964 年　東京工業大学大学院理工学研究科機械工学専攻修士課程修了
1964 年　株式会社不二越
1976 年　東京工業大学工学部生産機械工学科助教授
1982 年　同教授
1994 年　同大学院情報理工学研究科教授
1999 年　明治大学理工学部教授
現　在　東京工業大学名誉教授（工学博士）

吉村靖夫（よしむら・やすお）
1965 年　中央大学大学院工学研究科精密機械工学専攻修士課程修了
1966 年　東京工業高等専門学校機械工学科助手
1974 年　同助教授
1985 年　同教授
現　在　東京工業高等専門学校名誉教授（工学博士）

黒崎　茂（くろさき・しげる）
1972 年　山梨大学大学院精密工学専攻修士課程修了
1984 年　東京工業高等専門学校機械工学科助教授
1993 年　同教授
2012 年　株式会社共和電業
現　在　東京工業高等専門学校名誉教授（工学博士）

柳下福蔵（やぎした・ふくぞう）
1971 年　静岡大学大学院工学研究科精密工学専攻修士課程修了
1976 年　沼津工業高等専門学校機械工学科助教授
1984 年　同教授
2003 年　地域共同テクノセンター長
2006 年　副校長（教務主事）
2008 年　学校長
2021 年　静岡県立工科短期大学校校長
現　在　沼津工業高等専門学校名誉教授（工学博士）

機械設計法（第 4 版）

1999 年 3 月 31 日	第 1 版第 1 刷発行	
2001 年 11 月 8 日	第 1 版第 4 刷発行	
2002 年 10 月 31 日	第 2 版第 1 刷発行	
2015 年 2 月 10 日	第 2 版第 14 刷発行	
2015 年 6 月 11 日	第 3 版第 1 刷発行	
2024 年 2 月 29 日	第 3 版第 11 刷発行	
2024 年 12 月 19 日	第 4 版第 1 刷発行	

著者　　　塚田忠夫・吉村靖夫・黒崎　茂・柳下福蔵

編集担当　鈴木　遼（森北出版）
編集責任　藤原祐介（森北出版）
組版　　　双文社印刷
印刷　　　丸井工文社
製本　　　　同

発行者　　森北博巳
発行所　　森北出版株式会社
　　　　　〒 102-0071　東京都千代田区富士見 1-4-11
　　　　　03-3265-8342（営業・宣伝マネジメント部）
　　　　　https://www.morikita.co.jp/

©Tadao Tsukada, Yasuo Yoshimura, Shigeru Kurosaki, Fukuzo Yagishita, 2024
Printed in Japan
ISBN978-4-627-60574-9